和孩子谈谈心

he hai zi
tan tan xin

陆尹/著

吉林人民出版社

图书在版编目（CIP）数据

和孩子谈谈心 / 陆尹著 . -- 长春：吉林人民出版
社，2017.12

ISBN 978-7-206-14640-4

Ⅰ.①和… Ⅱ.①陆… Ⅲ.①青少年心理学 Ⅳ.
① B844.2

中国版本图书馆 CIP 数据核字 (2017) 第 296683 号

和孩子谈谈心

著　　者：陆　尹

责任编辑：卢俊宁

封面设计：北京烜晟博雅文化传播有限公司

策　　划：中国文化出版网　http://www.xsbywh.cn

吉林人民出版社出版 发行（长春市人民大街 7548 号 邮政编码 130022）

印　　刷：北京京华虎彩印刷有限公司

开　　本：787×1092mm　1/16

印　　张：12.5　　字数：135 千字

标准书号：ISBN 978-7-206-14640-4

版　　次：2017 年 12 月第 1 版 印　次：2017 年 12 月第 1 次印刷

定　　价：49.00 元

如发现印装质量问题，影响阅读，请与出版社联系调换。

前　言

　　《和孩子谈谈心》这本书共探讨了三十五个话题，全部围绕着青少年朋友的学习、生活展开，极为细致、全面地剖析了当代学生所面临眼下或未来的一些疑惑和迷茫，并结合具体的分析给出了积极性的建议。

　　当今社会发展之快令人咋舌，层出不穷的机遇给我们带来了巨大诱惑，而来自各方面的压力又使我们浮躁不安。正是这样一个时代，我们的家长朋友更是把培养下一代看成是重中之重，但苦于情急之下无良策，只是一味着急，却使不上什么力，从而导致人云亦云，今天这样教育孩子，明天又那样教育孩子。物质的极大丰富，信息的快速扩张，使我们的学生早早地便对这个五彩缤纷的世界感到困惑。孩子们不知道该往哪儿使力，不知道怎样做才是真正的人生态度，不知道什么追求才是正确的道路。

　　《和孩子谈谈心》这本书认真地分析了我们学生朋友所面临的一系列问题，给困惑中的家长和学生指明了正确的方向。书中详细探讨了时间对于我们青少年朋友的重要性以及怎样撬动学习的激情；带着一个责任心去做事将会给我们带来怎样的回报；钻研、坚持将如何使我们有质的飞跃；如何把梦想变为现实；书中还具体分析了兴趣的力量、惰性的力量及音乐的力量；劳逸结合、平常心看待与周围人的差距将会使我们的劳动事半功倍；懂得感恩、不忘亲人，才真正会体会到活着真好；这本书将生动地告诉我们青少年朋友健康的饮食有多么重要；没有健康的身体其他都是无稽之谈；作为一个生理、心理都健康的人，要学会快乐，要平静地看待不平常的事；要尊敬周围的人；不要给自己太多压力，努力就好；书中涉及了怎样解决宿舍里的矛盾；怎样让我们的友谊长存；鼓励青少年朋友多存一些善念；书中给我们青少年朋友具体讲了什么样的价值观才是一种正确的人生导向；我们该如何面对其他人的挑衅；对于社会公共秩序我们应持什么样的态度；通过亲身经历来说明游历是如何帮助人打开眼界的；另外书中还对恋爱问题、如何克服公共场所的恐惧做了具体分析；最后以歌颂的形式盛赞了生活的可爱，让孩子们如身临其境般感受生活的美好。

这是一本家长和孩子应共同看的书，希望通过阅读此书，家长在教育孩子方面能够有一个明确的思路，在孩子的成长路上能够给予一个理性的指导，而青少年朋友在阅读此书后，能够学会独立思考，我们要学什么，我们要怎样学，我们将成为一个什么样的人，选择哪种人生才是积极乐观的。

最后祝愿所有阅读此书的朋友都能有所收获。

目 录

001　　前　言

007　　怎样撬动学习的激情

016　　年轻人，时间你消磨不起

022　　面对挑衅我该怎么办

027　　天才始于坚持

032　　恋爱：高中是门选修课，大学是门必修课

040　　如何摆脱公共场所发言紧张情绪

045　了解一些基础的世界历史、科普知识等常识的必要性

056　怎样保持我的舍友之情

065　责任心将极大增强你做事的完美程度

071　异想天开可增添生活动力

076　中国历史教科书古代篇的一些偏见

083　兴趣的力量

087　惰性的力量

090　友谊长青的秘诀

093　生而为人，请务必要善良

096　劳逸结合效率更高

099　健康饮食（之一）

102　恪守社会公德

110　把做梦变成追梦

115　学会尊重周围的人

121　努力就好

124　树立正确的人生导向

131   健康饮食（之二）

138   钻研使你的光芒永不褪色

141   浅谈明星粉丝现象

146   平常心看待与别人的差距

151   活着真好

161   不要断了亲情

164   音乐的力量

172   学会感恩

175   平静地对待看不惯的事

178   身体是革命的本钱

182   快乐最重要

186   游历，丰富你的成长

193   生活如此可爱

怎样撬动学习的激情

请我补习化学的这个家庭的小孩即将升入高三,一生当中最需要奋斗、最需要耐得住寂寞的日子马上就要来临。我开玩笑地问他是否做好了吃苦的准备,他迟疑了片刻,随后便用种坚定的眼神对我点了点头。我明白他的这种眼神是做给我看的,人们很多时候,对于一些传统的、现阶段被认可的理念,不能说盲目,只能说很惯性地点头称是。其实我的这位学生,内心也有点迷茫,并不是由于胆怯,更多的是一些对实施这种过程后的一些茫然。虽然他明白,这样做的目的便是考取一所尽可能好的大学,仅此而已,因为他没有去想,大学能够给我们带来什么,也不知道上大学能否实现我们内心最大的愉悦,能否让我们过一种内心非常渴望的那种生活。因为想不了这么远,去吃苦、去奋斗的这种动力就会不足。当然我不能断定,从现在开始他无法坚持每天挑灯夜读的生活,甚至根据我最近一段时间来对他的观察,我倒是多半相信他能够除去吃饭、睡觉的剩余时间全部放在学习上。但是效果好吗?答案是肯定不好,因为缺乏激动人心的动力激情,我们无法做到真正的热情。

举一个我自己的例子吧。我刚上高中那会儿,电脑还未普及,对于一个地地道道从农村出来的孩子,我只知道电脑是一个高科技的东西,非常神秘,除此之外,一无所知。老师在课堂上讲,电脑能干这、能干那,简直是无所不能,讲的连他自己都陶醉了。我不知道其他同学是怎样想的,但对于我自己丝毫不能引起半点兴趣，因为我的目标只有一个，学好文化知识，考上大学，改变自己家庭目前的生活状况，与此无关的，我一点兴趣都没有。虽是如此，但每当电脑课，我也会像大家一样争先恐后地奔向机房，一点时间都不敢浪费地在那学习excel、ppt等这些办公软件。但我清楚地明白，我对这些东西丝毫不感兴趣，没有半点学习的欲望，因为我不知道学这些东西能否改变我的生活，学这些东西能否给我带来精彩。由于我无法深刻地理解这些东西将来在我的生活中扮演何种角色，因此电脑课程对我来说简直是种煎熬。尽管如此，我却不敢有丝毫懈怠，首先老师赞誉它，老师赞美的东西毫无疑问是种好东西，其次大家都学它，大家都学的东西肯定错不了。作为一个学习不甘落后他人的人来说，在任何方面都不能落在别人后面，无论学什么，只要老师赞誉的、只要大家都学的，就一定要比别人强。尽管不知道这些东西到底有何具体的作用，但为了对得起含辛茹苦的父母，我拼了。这样做的结果是，进入大学后，我基本上是一个电脑盲。高中时开的那些课程，撇开当时的学习情况，不能说忘得一干二净，但基本上忘得也差不多了。

我举这个例子的用意很简单，就是要让你清楚地知道，你做的每一件事情，需要费一些心神的东西，尤其是那些需要苦到扒一层皮的事情上，你不单单要知道做这件事情的首要目的，更要思考的远一些，不能说是终极目标，最起码要再往前迈个两三步，直到能够挖掘出能让你吃苦耐劳的巨大动力，让你感受到吃苦耐劳后所要收获的巨大渴望。从内心来说你心甘情愿地去吃这些苦，毫无被迫所言，挑灯夜读让你充满激情，充满干劲，我想这个时候你辛勤的学习，肯定会取得一个好成绩。

回到前面所提到的，一个即将上高三的学生，即将要开启一段近乎疯狂的学习模式，目的就是要达到家长盼的、老师盼的、亲朋好友盼的，能够上一所好的大学，这就是你目前学习的首要目标。但是你自己也明白，这种目标无法撬动你巨大的热情。怎么办呢，要想考出一个出色的成绩，就必须要挖掘出你巨大的热情。

撬动学习激情的方法有很多，你可以自己想，你的亲朋好友也可以想。我在这儿，也简单说一种。当你从书海里跳出来舒展一下筋骨的时候，你可以打开一些大学的网站，对这些大学的各个方面进行一下了解。大学简介、专业设置、校园举办的一些活动，及就业信息、大学的一些宣传片，还有一些校园风光的图片、视频等。看着看着你就不自觉地产生了要上哪所大学的冲动，学习哪个专业的渴望，参加哪个社团的激情，以及将来要去哪个单位工作的豪情。有了这些渴望，下一步要做的就是主动拼了老命地学习。由于这种学习是伴随着巨大的激情的，因而学习效果自然要好很多。

听我讲了一通，感觉似乎燃起了这小伙子的一些渴望，因为从他眼神里确实能够看到一些热切，我就微笑地对他说，既然谈到了大学，那你告诉我你心目中的大学是个什么样子。这时还未等我的学生思考，在旁边整理东西的妈妈插话了。她说孩子学习也很刻苦，学习成绩也算可以，但并不是很出众，上重点可能有点悬，就上个好点的二本吧，最差也得是个什么什么大学，而不是什么这学院、那学院的，虽然是本科，但怎么都感觉不像是个大学，总觉得差点什么。另外千万不要挂什么技术、农业、师范之类的前缀，要么直接什么什么大学，或者带什么理工、科技、工业什么的。这位母亲说的慷慨激昂，就好像是准备已久的演讲始终得不到展示的机会，忽然之间得到了一个倾诉的场合一样。可怜天下父母心，这位母亲一看便是地地道道的家庭主妇，也没受过什么高等教育，但明显看得出她对自己的儿子的学习有多么的关心，她对自己孩子目前的学习状况有多么了解，她为自己儿子将来要上什么大学下了多大工夫。确实非常让人感动，从这小伙子的眼神中，我能感觉出他对自己的母亲为自己所做一切的感激之情，而从这位母亲看我的眼神，我也能明白，她要得到一句赞同和认可，甚至还可能盼望得到一些钦佩的神情。但我接下来的表现可能会让她略带失望。

我继续微笑着问她，同时也在问他儿子，你认为报考一所大学首先选择的条件是什么，先看城市呢，还是先看大学。具体来讲就是你认为上大学的城市重要，还是大学重要。大学并不是最重要的，最重要的是大学所在的那座城市。听完我的表述，我的学生手里摇晃着笔，眼神毫无方向地看着前方，一副若有所思的样子。他的母亲似乎对这方面做足了功课，不假思索地说道，当然是学校重要，好的学校实力雄厚，肯定能学好的。城市算什么，最多在那儿待几年，那儿又不是自己的家，再说了，是去上大学，又不是旅游，要那么好的城市干嘛，我们是学习去了，又不是享福去了，那样的花花世界，还不学坏了，肯定影响学习。这位母亲热火朝天地说了一大段，她非常得意于自己的想法，我的这位学生也好像被他母亲的话征服了。我真的感觉好像一会儿半会儿还真不好改变她的想法，但就我个人的一些经历和感受，以及时常回头看看自己所走的路，我并不认可她的想法。而且感觉自己的一些看法才是正确的，且对我的学生更有帮助。

无论是工作，还是上大学，首先看一座城市，先选择一座足够发达的城市，认可度高的城市，再在这座城市里选择一所自己喜欢且又有能力上的大学。大学的学习已经不是一种单纯专业知识的学习，知识的掌握也不再是专业课堂的掌握。学习已经变得很宽泛，知识也变得很宽泛，不再是中学时代的那种绝对。我们都知道大学是一种从学生时代，向社会过渡的阶段，也就是所谓的半社会阶段。其实在我看来，就目前的大学状态，完全可以并到社会状态中去，不单单是一种不纯粹的学生生活，只是由于人们的懒惰心理，不愿承认罢了。无论大学是半社会状态，还是纯社会状态，进入大学的目的就是要得到一种好的谋生手段，尤其是那些只能通过大学才能改变命运的莘莘学子。

大学让你从一个被供养的人，变成一个自食其力的、甚至供养他人的一个过渡阶段。在这个阶段你所要提高的不单单是一两个能力或者素质，而是要提高你的综合素质。当你自信满满地武装好了自己，你还需要机遇或者是机会，你需要找到一个你自己非常满意的展示平台。而无论是你自己综合素质的提升，还是要找到施展自己才华的平台，一座经济、文化都发达的城市所能造就你的，远多于一个你连名字都没听说过的城市或者也仅仅是知道名字而已的城市所给

予你的。大学围墙外面同样是你的学习场地，不要以为围墙里面的东西已足够你学习，围墙外面的这座城市才是真正的让你获取更多知识的地方。

人们都说社会就是一所大学，这句话一点夸张的成分都没有，说得极为正确。为什么大家都愿意去北上广深去读大学、去工作，仅仅是因为它旅游景点众多、现代化程度高、可以享受最现代化的生活、过最城市化的日子？显然不是，答案也很简单，机会多。不要对机会报以轻视的态度，就我个人的经历而言，机会太重要了。有些有才华的人最终平庸一生，差的就是没有机会。你认为一些高科技公司、实力财团、背景深厚的国企，还有一些你自认为高大上的单位，是愿意去一些足够发达的城市招人？还是去那些名不见经传的、先坐飞机、再坐火车、最后又坐汽车的二三线城市招人？答案显而易见。也许你会说，他们不来我可以去这些发达城市去应聘啊。你当然可以去，如果一个很好的企业在南京或者武汉某个大学举办一次招聘会，你从一个不入流的城市里的一个不入流的大学，坐火车、坐汽车到达一个陌生的城市，又费劲巴力乘公交、坐地铁到达某个大学，再找宾馆、找应聘地点。终于一切准备就绪，终于迎来了面试机会，这个时候即便你的激情没被这疲劳的旅途消磨光，那你被应聘成功的几率又有多大呢？结果你很可能惨遭淘汰。淘汰一次你不灰心，你又去北京一次，再跑杭州一次，可是接二连三地被淘汰，你还有多少时间、多少精力、多少物力天南海北地到处跑。找到一个理想的企业，哪个学生不是被面试个七八次，甚至十几次的都有，你能坚持下来全国各地到处跑吗？以我的经历告诉你，你不能。既然你不能，也就意味着你很可能找一个很不起眼的公司去就业，或者你自己非常不满意的公司去就业。人生的第一份工作对于你来说有多重要，或者将来对你的影响有多大，只有经历过的人才会真真正正地明白。

虽然大家都明白足够发达的城市有足够多好处，但是我还是想费一费口舌，把就业机会这种二三线城市所不能比拟的程度唠叨一遍。一个足够发达的城市，首先它高校众多，尤其是名校云集。很显然一些名校扎堆的城市肯定会吸引更多的企业前来招聘人才。高校多，学生就多啊，优秀的人才也多啊，企业选择的机会也就大啊。这样一个发达城市高校的数量是你所在二三线城市高校数量的数倍，甚至十几倍。在这里的人才完全能够满足企业的需要，人家何必还要跑去一些听都没听过的城市，到一些听都没听过的高校去招人呢，如果不是吃得太饱、撑得难受，人家断然是不会去的。

另一方面，足够发达的城市，因为其便利的交通，雄厚的经济实力，高度现代化的物质生活等这些先天的优势，而往往成为很多实力雄厚企业的总部或分部。这样一来你的实习机会是那些在不入流城市上学的学生远远不能比的。如此一来，经过你的实习，你很可能就被公司认可了。大家都知道大城市生活节奏快，生活节奏快对于一些人来说并不是什么好事，但对我们年轻人来讲，生活节奏快完全是一个正向的词，至少对个人的发展而言完全是有益无害的。学习、工作、生活在一个节奏快的城市里，大家的这种拼命学习、工作的这种潮流，就逼迫着你不停地学习、奋发地工作，可以很快地发现自己的不足，只要你不甘堕落，只要你有一丝进取心，你就会拥有吃苦耐劳、勇于拼搏这种最起码的品质，你将会在巨大的信息量中选择最适合你的机会。即便你不打工，你想创业，因为城市足够的大，足够的发达，人们的需求也足够的多，你创业选择的机会也就足够的多，这座城市不仅能提供给你优异的创业平台，也有足够的能力来消费你的才智。

试想一下，在这样一个足够发达的城市，即便你上了最不起眼的大学，你同样可以通过大学期间的勤奋努力，让自己变成一个综合素质能够得到周围人认可的人才。拿着你的简历，穿梭于这个城市的各个高校的招聘现场，虽然你可能会碰好几次壁，但因为你就生活在这座城市里，你非常熟悉这里的环境，你已经融入了这座城市，你已经很自信地和这座城市打交道，你轻松地穿梭于各个高校的招聘现场。由于机会多，被选到的机会也就很大。不可否认好多名企招聘一个人不仅要看他毕业于哪所高校，更看重其个人的综合素质以及他所学习的城市。只要是一所合法的大学，无论是专科、本科还是重点，只要你足够刻苦，完全都可以把你培养成才。任何一所大学都有老师优秀到让你达不到

其所在领域水平的造诣，任何一所大学的图书馆都有你读不尽的好书，任何一所大学的学生都有让你惊掉下巴的才能。因此你丝毫不用担心这所大学没有能力把你培养好，事实上在文化知识方面任何一所大学教你都绰绰有余。因此，只要你努力学习，上一所综合实力较差的学校，你所掌握的知识完全不会比那些实力较强学校毕业的学生差。因为这所学校再强，是因为其师资厉害，跟你个人没多大关系。老师再优秀，你不学那也等于零，或者优秀的书籍再多，你再怎么学也学不完。围墙里面的后顾之忧解除之后，那就剩围墙外面的事了。名人、名家不去你学校做演讲，你可以坐趟公交车去另一个学校听，你可以随便地去感受其他名校学子的学习态度，感受他们的学习氛围，为自己的学习鼓励加油，让别人成为自己学习的动力、压力。

　　大城市，天南海北的人聚到一起，你可以很轻松地感受到不同地方的风土人情，更有助于提高自己的认知。这座城市走在时代的前沿，作为这个城市的一分子，你自然走在这个时代的前沿，你在这座城市受到的熏陶，将会是跟随你一辈子的品质。即便你将来不在这座城市生活、工作了，你所见到的那些世面，你所培养的那些创新的意识，你所养成的那些追求上进的品质，你所积攒的那些不停钻研、不停学习的勇气，都将更好地指导你将来的生活。

　　说了这么多去足够发达城市上大学的益处，自然就挑明了一座二三线城市读大学的种种不利。为了更明了，还是再谈一些假如选择这样一座城市读大学的不完美吧。二三线城市绝大多数都是一些二本的普通高校，也有可能这座城市就有一所本科院校。你再选择本省的一些二三线城市，好嘛，整所学校百分之八九十都是你的老乡，你倒是不用适应环境了，过个星期六、星期天你都能回家一趟。可是这样真的好吗，说白了，你无法真正地独立，你找不到那种新环境所带来的紧张刺激感。你失去了一个独立面对新环境的机会，你也失去了一个真正成长的机会。说句不好听的，面对周围都是老乡式的同学，你最终连个普通话都说不标准。

　　选择本省的一座二三线城市仅有的一所本科院校去上大学，很可能还会让你沾沾自喜、得意扬扬。为什么，整座城市就你一所本科院校，还有两所大专，你多牛啊，上了这座城市的最高学府。与其他两所大专的学生说起来趾高气扬，以显摆的姿态说我是那个大学的学生，尤其是当他们投来羡慕的目光后，你更是心满意足，就好像你所上的大学变成了全国最好的大学，岂料比你大学好的学校多如牛毛，跟你的大学在同一个层次的学校简直跟蚂蚁一样多。这时你已经成了一个井底之蛙，你所在的环境，也就决定了你的世界观，你的世界就那么大，因为你没见过世面，因此你断然不会有想出去看看的心态。外面好多新奇的事，好多美妙的物你都闻所未闻，你理解不了外面人的思维，你也不具备学习创新的能力，你也没有解决问题的激情。一毕业，找个当地的单位，按部就班地生活、工作，这也就决定了你一辈子的工作生活状态就这样了。因为这是你所认为的世界，因此你一辈子搁这，你也感觉理所应当。

还是再举个例子吧。我一个同事的儿子今年参加高考，填志愿前，由于自己的一些经历，我鼓励他报考一些发达城市的大学，可他由于想上一个好一点的二本，选择了本省的一所农林院校，选择的专业是金融，说是喜欢金融。对于他的这种选择我很失望，但因为是他们自己的选择，我也左右不了什么，只能祝福。说是喜欢金融，可是对于一个把时间全部花在学习上的高中生来说，什么是金融，金融到底是干什么的，他知道吗？由于自己的视野局限，他对大学的看法相当理想。你以为你报了这所大学，学了金融，将来就能成为中国证券的决策者、分析师？这种可能性几乎为零。说句不好听的，在这样一座城市，选择的这样一所学校读金融专业，混得再好将来也就是到银行去数数钱。高考结束以后，我就劝我的同事带着儿子去一些大城市转转，去感受一下大城市的活力。大城市激情四溢的生活方式肯定会吸引他的孩子在那儿选一所大学来读。多考察几所那座城市的大学，找一所自己满意的，然而自始至终我的这位同事也没带他儿子离开这座小县城。

我云里雾里说了这么一大串，这对母子除了看着我，倒是没表示什么看法。我不知道他们是听得入了迷，还是听迷糊了。最后我告诉这对还没回过神来的

母子，选择一座足够发达的城市，能上这座城市的名牌就上名牌，上不了名牌就上这座城市的普通重点，重点还上不了就选择这座城市好点的二本，实在不行就选择这座城市知名度最低的二本，如果连二本也上不了，那就在这座城市选择个三本或者专科院校吧。最终这对母子也没表达什么看法，但我认为我所说的话肯定会让他们仔细地思考思考。

认真地分析我们的学习目的，想清楚了我们到底要干什么，想明白点，想长远点，带着非常具体的目的去学习，只有如此才能撬动我们的学习激情。

年轻人，时间你消磨不起

　　给我的学生辅导近两个小时以后，很明显感觉到他疲惫无神。我略带怜惜地问了句：辛苦吧？他举起双手，打了个哈欠，然后眼睛一放光，激动地说，现在失去的，上大学后一定要补回来。听完以后，我稍带诧异淡淡地问了一句，你现在失去了什么，你要把什么补回来。听完我的话，他感觉非常吃惊，用那种很不可理解的语气回答我：玩啊，要把我失去玩乐的时间统统补回来。这种语气就好像，要不把大学四年玩个黑天暗地，根本就无法弥补现在自认为所失去的。

　　我当时就陷入了深深的思考之中，他有这种想法其实我不应该有半点吃惊。我离开大学十几年了，大学的很多记忆也不是那么清楚了，可是刚读大学时大家的那股新鲜劲儿，以及周围同学包括自己是怎样挥霍这四年时光的情景，我却记忆犹新。一勾起这种回忆，我后背就一阵一阵的发凉。时间过去这么久了，又突然冒出一个有类似想法的人，并且即将把这种想法转变为现实。我想如果我不说点什么的话，将很可能教出一位废材，至少大学四年将会很空虚地度过。

　　首先我对他讲，你说你失去了很多，我认为这是不对的，你没有失去什么，你没有浪费时间。你把全部的时间花在学习上，而你现在要做的就是努力地学习，其他不需要你做什么。你完全按照要求做了你应该做的事，并且做得很好，因此你并未失去什么，当然这也就说明上大学时不需要你为现在补偿什么。

听了我的讲述，他似乎略懂了一些，但就这两句话还不足让他放弃那还未实施的远大计划，根据我的经历，我把大学时光的一些场景和感受给他讲述了一遍。

刚上大学那会儿，真的有种解脱的感觉。再也不用学习了、再也不用学习了，这几个字不知道有多少次把我们从睡梦中高兴醒。先拿一个同学举个例子吧。这位同学家境优越一些，一上大学就买了电脑。刚开始的时候，一些大课还能按时去上。刚开始嘛，什么都图一新鲜。可这新鲜劲儿一过，从此教室里再也见不到他人了。白天打游戏，晚上看电影。困了睡，睡醒了再玩，一个人完全宅在了宿舍，一日三餐几乎都在宿舍解决，弄得整个宿舍时时刻刻都有种厨房的味道。不仅与宿舍的其他人产生了隔阂，即便我们班的人对他都不大了解。虽然结课考试，老师都会圈题，只要临考前努力一段时间，应该是不会挂的，但他依然挂了很多科。一天我在学校的篮球场见他一个人溜达，目光虽说不上无神，但从他脸上绝对看不出有什么可高兴的。现在想来，他那是迷茫啊。周围人有的在运动场上进行着激烈的活动，有的抱着书刚从图书馆出来，有的三三两两地背着包去上自习，还有些人坐在草地上谈情说爱。大家都似乎很满足、很充实。将近两年的时间，他做了什么？电影看了不老少，打网游的能力几乎无敌，还有就是终于睡足了，睡觉睡的连他自己都感觉恶心。没有朋友，没有恋人，社交能力更是没有，他连自己所学的专业一个很系统的概念都没有。现在还面临着让他更胸闷的事情，由于挂科太多，他面临着被劝退的危险。这就是一个没有认清大学本质，自我放松，把自己放到一个无底深渊的活生生的例子。

不要以为只有宅能把人给宅毁，再给你说两个敢闯的，从而把自己大学时光给葬送的例子。先说这个爱旅游或者说爱转悠的同学吧，这位大哥同样也不怎么学习。他也不知道从哪儿弄来一句信条，大学就是一个用来开阔眼界、增强见识的阶段。这话本来没什么错，可把开阔眼界理解为满世界溜达，吃吃喝喝，到处欣赏美景就完全离题了。大学这几年，除了没出过国，国内的著名景点人家差不多都踩了个遍。我到现在都无法确定这家伙是待在学校里面的时间长，还是在外面溜达的时间长。学习成绩自然不用提了，更荒唐的是，几乎他认识的人都成了他的债主，难怪见个熟人他都要躲躲闪闪，那种低人一等的感觉不知道是啥滋味。

另一位奇葩是位伪创业者。之所以说他是位伪创业者，因为从他的行为来看，他根本就不适合创业或者说他自己就没有创业的欲望。他之所以创业是因为追风或者说无聊至极，闲得慌弄两个钱花。这位大哥办了个辅导班，他招生先收钱。学生招得差不多了，钱也收了，而辅导老师、教室还没有着落。家长着急啊，就一直催他，可这两样始终没有解决。要是换了旁人，给人家家长道个歉，把钱退了，这事也就完了。你知道这货干了什么？跑了，他拿着钱跑了。我哩个乖乖，至于吗，为了那几个钱连学都不上了。比起那位爱旅游的，他惨多了。怎么了？他被通缉了。

不是说不让你玩网游，说实话，我认为每个人都应该学习学习网游，尤其是男生。因为它不仅可以作为缓解疲劳的一种方式，而且也是与其他人联络感情的一种途径。但是只能作为一种小的爱好，不可深陷其中。当然也不是说你不能旅游，旅游很好啊，自己一个人或几个要好的朋友一块去饱览祖国的大好河山，感悟各地的壮丽景色，但也只能把他当作一种辛勤工作、学习后的一种放松方式，而不是专业。创业就更提倡了，这本身就是大学培养学生的一种方式，但前提是你真心有这种创业的冲劲，需要经得起风浪，敢于担责，而不是一个懒惰的江湖骗子。

不要以为上面的三个例子很极端，出现的情况很少。说白了，这三个例子就是三个上大学失败的例子。失败的例子还有很多，谈恋爱的，参加社团活动的，一会儿干点这，一会儿干点那的等等。说不定你就走入了某条失败的道路，你也许不会很极端，但这并不等于你没有完全废了。就像喝一瓶毒药，能把你毒得死死的，但半瓶毒药也足以让你成个植物人或口吐白沫、浑身抽抽。

说一下目前大学里较为普遍存在的一种状态吧。有课的时候，也背个书包按部就班地去上课，上课不过十分钟，就开始在那儿玩手机。用手机看看新闻、聊聊天，打打游戏，这两节课也就过去了。别人上了两节的课，你似乎也上了两节的课，只是学了什么，只有你心里清楚。下午没课，睡吧。一觉睡到下午四点，在床上实在待得无聊，起来收拾收拾。五点了，去吃晚饭。晚饭后不想回宿舍，去操场走两圈吧。走了一会儿，还是无聊，去图书馆吧。从图书馆一层走到顶层，换了不下二十本书，没有一本书能看到第二页。太无聊了，快八点了，又慢悠悠地出了图书馆回到宿舍。电脑没有关，先打会儿游戏，没意思，看个电影吧。电影倒是很能吸引人，这一晃两个小时过去了。洗洗涮涮上床以后，用手机聊聊天、看看朋友圈，已经十二点半了，不知不觉就进入了梦乡。也许第二天你会跟朋友逛个市场，也许后天还有个生日聚会。但是大学这四年，你也就是这样庸庸碌碌地过来的。你也顺利地拿到了毕业证，你也签了工作。可是毕业聚餐会上，在酒精的作用下，你依然痛苦不已。这份苦楚不单单是即将分离的同窗之情，更是对自己四年来迷失自己、空虚地消磨时间的一种痛苦。你感叹于你中学时代未上大学的同学已经混得人模狗样，幻想着自己如果也未曾读大学会怎样怎样。你签了一份工作，这时你担心的不是你的工资低于农民工，更多的是对自己专业的不自信。你最怕别人说一句：还大学生呢，这问题都处理不了，大学真是白读了。

也许你曾经试图改变，也许你真真正正地发奋了两天，但也仅仅是两天而已，没过多久你又回到了原来的状态。是什么原因造就了这种局面，没有目标，没有压迫感，始终把自己放置于一个最舒适的状态。你所产生的空虚、迷茫始终无法把你挪移出这种舒适的状态，就像一个病人，他意识清醒，肢体却没有知觉，久而久之，就像温水煮青蛙一样，慢慢地你想跳也跳不出来。

出现上述情况的唯一原因就是你没有理解大学的本质。大学不是对你的奖赏，不是因为你付出了那么多艰辛的努力而给你的一种报答，简单来说就是大学不是用来享受的场所。那它是什么呢，它是一个过程、人生的一个阶段，仅此而已。它是个什么过程？举个例子，你要驰骋疆场、作战杀敌，可是你没有杀敌的本领，也没有杀敌的武器。这个时候你就要到一个场所学习战场作战的战术、去取武装自己的武器，将来是在战场被人一刀毙命、狗熊一个，还是做一名让敌人闻风丧胆的作战英雄，就要看你杀敌的本领和你的武器有多强悍了。

　　知道了大学的本质，就会在一条正确的轨道上行走，这个时候缺的就是坚持了。大学比较自由，没人催促，也没有多少紧张感。对于一些自控力比较弱的人，很容易就坚持不住了，但是为了不变成狗熊，必须得坚持，一旦形成习惯就舒服多了。但是一旦纵容自己养成不好的习惯，再改可就难了。有人说知错能改善莫大焉，可是你要看是什么错误。你无意识中犯的错误，只要你有恒心，我相信你是能改的。但是如果你知道这是错误，你还明知故犯，比如你本来有学习任务，可是你还想再玩一会儿，你劝诫自己，就今天，以后我再也不这样了。在这里，我可以很明确地告诉你，只要你今天犯了这个错误，你今生都改不了。久而久之你就会让自己陷入一种舒适状态，谁也拔不出你来。不要羡慕人家年纪轻轻、几乎与你同龄就成了名牌大学的教授，也不要羡慕人家还在学生时代就已成为百万富翁。学霸、富翁是练出来的，而不是天生的。不要以为你自始至终都离他们很遥远，曾经上天也在你面前摆了学霸、富翁、平庸三个标准，只是因为你把平庸这个标签吧唧贴在了自己的胸前。你既然选择了提前休息一阵子，那就要经得起羡慕别人一辈子。

话又说回来，我们该如何读好我们的大学呢。当你清楚地理解了大学的本质后，你就应该定下你的人生目标。是做学霸，在你的专业领域成为万人敬仰的巨星，还是创业，通过自己的奋斗打出自己的一片天地，或者没有什么大的目标，就是要做好现在的每一步。这些想法都行，都挺好。在你去实现自己的想法过程中，有几点需要你必须注意，首先无论你对你的专业爱得要死，还是恨得要死，只要你换不了专业，你硬着头皮也要学下去，且不管你将来从事什么行业，这个专业最基本的技能你必须掌握，不让你拔尖，最起码得说得过去，不要让人家说你这个专业科班出身的，竟啥也不知道；其次不要为了做事而做事，必须把做的事要做好，不是必需的，但自己感兴趣的事，也必须要付出自己的精力，力图自己做的每一件事都比较完美，也就是说你做的每一件事都必须有意义，没有意义的事不是浪费时间吗；还有千万不要留给自己迷茫、空虚、无聊的机会，一旦出现上述情况，你有两种选择：一是去体育场锻炼身体，二是去图书馆看书，尤其要注意的是，只要选择了一本书，就要认认真真地读完，千万不能毫无用心地去应付每一本书，必须把自己投入进去，把这本书消化了。当然了，你可以恋爱，你可以逛街，你还可以玩游戏，只是希望这不是因为你无聊至极才干这些事情，而是有一定的计划或者说没有计划而是因为一段紧张的学习之后给自己的一个奖励。

我的学生很听话，不住地点头，但愿他能听得进去。

面对挑衅我该怎么办

今晚的辅导效果不是很好，我总感觉我的学生心不在焉，时常走神，像是在思考什么似的。我问他是不是哪儿不舒服，看着这么没有精神。他苦笑着回答没事，但无论从哪一方面都能看出，他心里装着烦心事呢，可能事情还不小，似乎不把这事解决，今晚就无法过去一样。我试探性地向他说道，有啥事情说出来吧，我虽不能确定帮你解决，但至少说出来痛快一些，咱俩都在一块儿混这么长时间了，还有什么不可谈的。可能我的学生内心确实压抑异常，也想找个适合的人倾诉一下。我这么一问，他也就把他的心事给我讲了一遍。

原来今天下午在学校的时候，他们班主任让他及另外两个男同学、一个女同学去办公室帮忙改一下考试试卷。他们老师的办公室在综合楼八楼，等他们四人来到办公室以后发现老师不在。大家在办公室等着，闲来无聊，大家就这儿看看那儿瞧瞧。不知怎么的四个人不约而同地来到窗户旁，从窗户往外望去，整个学校及外面的街景都在自己的视野之内。大家就这样心满意足地欣赏着外面的风景，其中一个长得较帅的男生忽然冒出一句话，如果我从这跳下去会不会死得很惨。另一个大个子男生说千万别，你要跳下去，这个世界又将多一个寡妇。我的学生说，他感觉这句话很幽默，也随着笑了笑。谁知那个大个子男生忽然又来了一句：你笑什么，你跳下去又不会造成这种悲剧。说完这话，他们三人都捧腹大笑，尤其是那个大个子男生一脸得意，完全沉浸在自己幽默的说话艺术里。我的学生说，他当时脑子一片混乱，又焦急又恼火，思绪非常乱

地想了很多，但最终还是隐忍不发，也装着没事似的笑了笑。

听完以后，我气得难受，但还是很平和地问他，你当时说你想了很多，你能说说你当时想了些什么吗？他说，当时脑子很乱，一会儿想点这，一会儿想点那，我想不出幽默、隐晦的语言来反击他，如果正面吵起来，最后再打起来，我又打不过他，到时候会更丢人，那种状态再把老师招来，弄得人尽皆知，还是消停消停吧，忍一时风平浪静，退一步海阔天空，他毕竟没有说破，我也就当作没听明白算了，不要招惹是非，就稀里糊涂过去算了。

我的学生还想再为自己的懦弱找各种好听的理由来自欺欺人，我已经听不下去他的任何话语，任何说辞都是掩耳盗铃。我明白从他内心来讲，他完全明白自己是由于怯弱而不敢反抗，找这么多说辞，无非是让自己好受一点。我当然看不惯他的这种做法，生气但又压着自己的性子说：老弟啊，他还没有说破吗，这说得还不够明白吗，什么幽默的语言艺术，这是赤裸裸明目张胆的侮辱啊，这么明显的话谁听不出来。这明显就是故意说的，你还要想什么幽默的语言来回击他，你应该毫不留情，明明白白地回击他。你给他说，是啊，如果我跳下去摔死后，你妈做了尼姑，这个社会就不会出现多一个寡妇这样的悲剧。

我的观点很明确，当你遭受无论是语言侮辱，还是肢体侮辱，你都应当毅然决然地回击过去。尤其对于语言侮辱，不论他用什么方法，什么幽默的语言，什么阴阳怪调的指桑骂槐，只要你觉察出来是在嘲讽自己，别管他用什么方式，只要有一点可以确定，他是在故意讽刺你，直截了当地给回击过去。你也不用展示什么语言天赋，明明白白地揭穿他，尤其是当他跟你没有任何利益冲突时或者是自己不受制于其人的时候更是如此。简单地说一下我自己的几个例子。

一次我在商场买了一些东西，虽然离家也不远，但懒得提，我就坐了出租车。由于离家很近，一个起步费绰绰有余，我也就没问司机什么价钱，可是等我下车的时候，他居然给我要三倍的打车钱。我自然不干，你当我是二傻子，当我是第一天来到这座城市，还想敲诈我，我就坐在他车上不下来，还说如果他不退我钱，我就投诉他（在他说出价钱之后，我已经给他一张100元的钞票）。其实当时我心里也没底，一是打车时未与司机讨论价钱，又没嘱咐他打表，他要真坚持他的价钱，我也不会投诉什么的，太麻烦了，为了那几个钱还不够耽误时间的呢，自认倒霉算了，吃一堑长一智，买个教训吧。谁知当他听了我要投诉他这话，他把钱如数找给我了，末了，来了一句：赶紧下车，不然我掌掴你。我当时一听恼了，什么？掌掴我？我当时把东西往地上一扔，从前门把那个司机拽出来。他比我人高马大，说句实话两个我也打不过他。我马上对着周围的人喊，有人抢劫了，顿时周围围过来一群人，把他围在中间。那司机自认没理，想跑。我自然不肯，周围的人也不让他走，我就原原本本把司机怎样敲竹杠，又怎样想打人的事说了一遍。大家都很气愤，有人记他的车牌号想曝光他，更有甚者想打他一拳。我只要求他向我道歉，我要让他明白，我虽长得瘦弱，但绝不会任人宰割，我即使打不过你，也会想方设法让你占不了便宜，想侮辱我门儿都没有。

还有一件事，我们单位安排我到外单位学习一项技能。学习过程很愉快，感觉收获不少。回到原单位后，在工作过程中，涉及了我所学习的相关知识。一位同事拿出了一张图纸，说你们学的东西在你未回来之前已经在我们单位应用了。我仔细看了看这张图纸，感觉没见过这种形式。我就直接说了，这个东西我不熟知。他一听很不屑地说，唉，学了那么长时间，单位花了那么大的力气派你出去学，竟然啥也没学会。我对这位同事很了解，平时就爱拐弯抹角地讽刺别人，就好像只有贬损别人才能彰显自己的价值似的。我自然不会吃他这一套，可以有人说我学艺不精，但那是我的上司，你有什么资格说我，我花的是你家的钱，是你每个月给我发工资？我学什么需要向你负责吗？需要向你报告吗？你有什么权力、什么资格说这样的话，让你去学指不定学成什么样子呢，搞这方面的几十年的专家都不敢说自己样样知晓，我就学了这么一段时间，就得样样明白？再说了对一个东西不了解，就是什么也没学会？我绝不是为了自己没有长进而辩争，而是对他这种故意找碴儿、爱讽刺人的行为不满。你不是什么了不起的人物，我也断不会纵容这种行为。

再说一件事吧，一位较熟悉的人，当然算不上朋友，有偿地让我去帮他维修电脑，我给他捣鼓了一天，最后很抱歉地说电脑没修好，耽误你的使用时间了。按说这件事到此为止了，谁知他来了句，你的哪个哪个同学比你技术强多了，你现在的这种技术恐怕永远也赶上人家了。我一听这话气得要死，我没收

你的钱，我也给你说过抱歉了，你用得着拿别人来讽刺我吗？别人强，你咋不让别人修，人家搭理你吗？电脑修没修好，跟别人强不强有直接关系吗，别人这么强你咋不去找别人？我在这儿忙活一天，没有功劳也有苦劳啊，你有什么资格说出这种话，你如此地不尊重人，不在乎别人的感受，也难怪其他人都不愿搭理你。

系统地梳理一下，我们如果遇到语言侮辱或者肢体侮辱，应该采取什么样的方式呢？首先只要是同学或同事，只要受到了语言侮辱，别管他采取什么语言方式，只要你能确定是在嘲讽你，你应立即给他顶过去。没什么不好意思，对这种人还讲什么策略，如果他想拿你立威，还敢动手，想让你彻底屈服于他的淫威，有什么可气愤的，无论有千万种理由，打人都是对自己最大的侮辱。不要犹豫什么，毫无准备也要打过去，也许你打不过他，但也要死缠烂打，一是向他说明，别想拿我不当回事，我不是吃素的，欺负我门儿都没有，即便打不过你，也让你占不了便宜，让你以后再不敢对我有任何轻狂的举动；二是给周围的人看，让他们明白，我可不是个软柿子，不会无缘无故当你们的笑柄，成为取笑嘲弄的对象，以后千万不要对我做一些自认为很聪明的举动，那样做是会有代价的。

那么面对除了同事或同学以外的其他人的无理挑衅呢？我相信在我们生活的社会遇到的大多数人，都有一定的理性思维，都不是天生就是为了找事而找事的。一般都会想着多一事不如少一事的态度，不是为了找其他人的事而出门的。对于这一类人，如果因为某些交集而受无端的指责后，千万不要息事宁人，一定要站出来捍卫自己的立场和尊严，一定要好好反击这种自以为能得不行的家伙。让他明白，这个社会上的人不是他可以随意羞辱，他没有资格，他也不配。这种人可能平时嚣张跋扈惯了，从内心到脸上始终洋溢着一种自信，认为谁都怕他，自己那张凶神恶煞的脸总能威慑到别人，其他人只能吃一些哑巴亏。因此断断不可纵容这样的人，只要身正就驳过去，他如果逞能，你就跟他干，你就打回去。对这种人还谈什么君子之道。据我了解，一般这种货色都是些色厉内荏的家伙，你硬起来，他反而软下去了，这就是通常说的撑死胆大的饿死胆小的。

当然了，也不是对所有的人的挑衅都应该顶回去，也不是对所有的人的欺负都应该打回去。如果是你上司的侮辱，如果你还想在这个地方继续工作，你该忍，这种忍不是软弱，而是一种责任，是一种动力，是一种终有一天出人头地让你们刮目相看的气魄。如果一些带有黑社会性质的混混，当然一般我们也不会与这种人打交道，如果不幸交手，我们不要与其拼命，他们不要命，我们还惜命呢，这样的亡命之徒迟早有一天会有人收拾的。

另外一些发出语言侮辱的人，根本就是毫无头脑，可能心直口快说出了些什么，本身也没有刻意要给你难堪来显摆自己能耐有多大。这种人你顶回去一次，下次他还可能再犯，因为他不走脑子嘛。对这样的人平时就要注意打交道的方式，尽量不给他出洋相的机会。还有就是，我们自己也要明白，语言的讽刺是恶意的呢，还是善意玩笑呢，如果是善意的一个玩笑，毫无故意可言，我们又何必当真呢。

听完我的话，我的学生好像打了鸡血似的，对我讲明天就找同学说个明白。我连忙制止住他，处理这种事情的最佳时间，就是发生这件事的时间点，如果事后你再去就是故意找事，也是自取其辱，事情都太平了，还有什么效果。

天才始于坚持

我在与我的学生闲聊之际，他突然感叹，看来理科生想要把英语学好真不容易，他发现自己根本不适合学英语，没那方面的天分，自己也不感兴趣，终究也是学不好了。听完他的叹息，我不禁暗想，又遇到一个不敢挑战挫折给自己找各种理由的主儿。

在某些方面有些人确实比一般人多一些灵性，再加上自己的努力而成为这方面的翘楚。而我们也确实对一些东西很感兴趣，继而在这方面表现得比较优异。但本质是什么，难道就因为他是这方面的天才，所以成了这方面的天才，我不是这方面的天才，所以在这方面我很平庸。某些人之所以成为天才，是这方面的霸主，完全不是由于天分决定的，而是那种持之以恒的坚持换来的。我们每个人都有兴趣，为什么有些人的兴趣而使他成为一个佼佼者，而有些人的兴趣始终只是兴趣而已。当然最多的就是当今某些行业的一些业界明星，反而在他刚开始从事这方面的时候，并不是多有兴趣，但最后仍然是做得有声有色。这是为什么，很简单，这是一种坚持换来的，这是时时刻刻用心做事所得到的报答。

坚持是面对一切阻碍你前进脚步最锋利的武器。学习也一样，作为学生，当学习作为你必须做的事情时，无论你感不感兴趣，只要你能坚持，你敢于坚持，你就能考高分，你就能考上理想的大学，你就能拿奖学金。有人说我根本不是学习的料，脑子比别人笨，祖坟上就没有上大学的命，我只能说别为你的懒惰找借口了，不仅损自己，还损祖宗。不能吃苦就说不能吃苦，坚持不下来就说坚持不下来，哪有那么多理由。有人自嘲地说，我与物理无缘，它不喜欢我，我也不喜欢它。你怎么就知道物理好的同学就是学习这方面的天才，人家背后坚持了多长时间，费了多少个昼夜，才把物理这门课学精、学透，而你除了抱怨又做了什么。学生时代大家都一样，那就是学习，这种枯燥感、痛苦感，不光你自己有，我们大家都有。在这无边无际的题海中，谁也说不上爱它，更谈上兴趣可言，但因为这是我们唯一的任务，谁能完成得较好，谁就是成功者。别人能够取得好成绩那是吃苦的坚持，你的任何辩解都毫无说服力可言。有些极端的人甚至还嘲讽这些学习优异者：一群书呆子只知道死读书，啥也不知道，进入社会也会被淘汰。我真的是想打有这些想法的人，还人家是书呆子，就你聪明，你这么聪明，书本上这么简单的东西你咋就学不会。真正聪明的人是那些在应该做什么事的时候，努力地去做，并能够做好的人。我完全不否认社会上的一些成功人士在学生时代可能表现得并不怎么样，但你别忘了，在这个社会成功的人士多如牛毛，而他们绝大多数都是在学生时代成绩优异者。

其实说白了，学生时代任何学科都是对你解决困难，敢于面对困难的一种能力的考验。它们考验着你是否有能力、有动力能够把它们解决掉。把学生时代学习的任何科目单独拿出来，说白了，它们就是一个个的小困难，再讨厌它，经过你的坚持也能越过去。这就相当于你在为自己的事业奋斗过程中，遇到的种种挑战是一样的。你能克服学生时代的困难，将来事业上的困难也不是什么难事。学生时代的困难你克服不了，将来你在事业上打拼过程中遇到的各种挑战，你也终会为你的种种失败找各种理由。即便你对你的事业再感兴趣，各种各样困难的痛苦也会把这种激情燃烧殆尽。激情没了，那么取得胜利的法宝也只剩下了坚持、痛苦的坚持。清醒一点吧，没有几个人对数学、物理感兴趣，他们之所以能把它们踩在脚下，靠的就是一种坚持，一种拼搏。自然成功人士之所以能成功，是因为他们在学生时代已经练就了克服困难的勇气。

先说自己的一个例子吧。我刚上高中时，化学成绩非常一般，也有一种怕的感觉。渐渐地就不是成绩一般了，成绩下滑得非常厉害。一次考试我的化学只考了 27 分。150 分的题，我只考了 27 分，这简直犹如晴天霹雳。就这分

数还上什么大学，上大学根本没戏啊，可是我真的要放弃吗？如果放弃，我对得起含辛茹苦养育我的父母吗？况且不上学，我又能做什么呢？答案是我没有任何出路，只能上学。要上就得上好，这种混日子的生活我根本玩不起。于是我下决心请了七天假，拿着一本化学课本和一本化学参考资料，在家里没日没夜地学了七天。从此以后我的化学成绩不能说是全年级最好的，但最起码是靠谱的。通过这件事，我不能说自己是个成功者，但至少我解决了一项困难，并且为以后解决其他困难打下了良好的信心基础。

举几个励志点的例子吧。大家都知道苏轼的老爸苏洵，在文学上的造诣被当时的名士认可的时候快五十岁了，出名确实比较晚。苏洵在年轻的时候不怎么爱读书，由于家境尚可，因此到处游玩，终日嬉游，做学问时断时续，也没取得什么结果，最后气得连他父亲都不过问他的学业了。可苏洵本人不以为然，老感觉自己与周围人比起来，自己不知道要高明多少，整日沾沾自喜，不思进取，直到第一次参加科举考试没考中，这对于他的自尊心打击很大，也使他好好地检讨了自己，终于认识到自己的不足，开始发奋读书，终日研究学问。可这个时候苏洵已经二十七岁了，这个时候也许有人要问，都二十七岁了，一发奋读书，便读出了名堂，看来人家确实有天分，还是天分造就天才。

如果你有这种想法，就完全错了。首先谁都无法考证他到底是不是真正喜欢读书，但是古人，读书是身份的象征，人们对读书的人都高看一眼，所以当时的人们无论喜不喜欢，只要有一点办法的都去读书了。问题再转回去，苏洵作为一个大龄青年，从此以后每日端坐在书斋里，整日地埋头苦读，虽然在此过程中，他的学问突飞猛进，但他考了几次，仍然没有考中。这个时候他并没有抱怨别人不能欣赏他的才华，而是很谦虚地认为自己的学问尚不足。于是仍是潜心苦读，最终在自己坚持了十几年后，自己的文化成就才被认可，而且通过自己的言传身教，他还把自己的两个儿子苏轼和苏辙也培养成了当时赫赫有名的大文学家，父子三人均被列入唐宋八大家。十几年的坚持甚至将近二十年的坚持，请问你有这样的魄力吗？

如果说苏洵还有一点点文学上的天分的话，那么我再讲一个励志案例。这个人可以说在他取得的成就上，上天应该没有给他任何天分，完全是靠着自己的坚持闯出了一片天地。大家都知道著名的演说家狄摩西尼，很多人拿他来激励自己，当然很多人对他的事迹也了解很多，可是我还是想和大家一起来重温一下他的人生轨迹。

狄摩西尼的少年时期可以说是不幸的，在他七岁的时候父亲就去世了，对他进行监护的人私吞了他父亲留给他的遗产。到了他应该获取这笔遗产的时候，他的监护人给他的还不到全部遗产的十二分之一。

为了追回应得的遗产，他开始练习演说，与他的监护人打了将近五年的官司。打官司就打官司呗，还练习啥演说，可是他天生就有结巴的毛病，而且气息还很弱，更让人受不了的是，他还有耸肩的坏毛病。对于一个存在这么多先天缺陷的人来说，怎么会变成一个演说家呢。可是他有自己的目标，他有一份执着和坚持，并最终相信自己能够成功。由于他说话不清楚，论据又不充分，他的尝试一次又一次地失败。但他没有放弃，为了练习自己的发音，他一般都是把小石子含在自己的嘴巴里进行读书，他的嘴巴不知道磨掉了几层皮，出了多少血，他依然义无反顾。不管是黄昏，还是清晨，他都是迎着风和浪花坚持练习着。为了改掉自己气息不足的毛病，他便选择一种很极端的方式，一边读书，一边坚持着跑步。为了使自己的面部表情更适合听众者的审美，他每天还要对着大镜子演讲。由于他还有一个耸肩的坏毛病，为了改掉这个毛病，他竟然在自己读书的地方，头顶悬挂了一把利剑，这种拼劲是几个人能够具备的？这还不算什么，他还有更狠的一招，因为他也怕自己坚持不下来，怕偷懒，怕经不起外面花花世界的诱惑，他居然给自己剃了阴阳头。这样一来他就无法出门了，只能再继续苦读了。这一招真是破釜沉舟啊，作为一个成功的演说家，光有说话技巧是远远不够的，你脑子里没货，你说得再天花乱坠，也不能使人信服。

为了使自己阅历丰富，使自己的论点更能打动人心，他阅读了大量的书籍，包括各种各样的文学作品，最终成为一名演说大师。

再说一个小时候很有天分，因为没有那份坚持，最终成为一个庸人的例子吧。我们中学时代都学过王安石的《伤仲永》，说的是什么呢？讲的是一个叫方仲永的孩子，他家祖祖辈辈都是靠种田为生的。在他两岁的时候，连笔墨都没见过。有一天，他突然不知怎么的，非常想要这些东西。他老爸非常奇怪，就慌不迭地从邻居家给他借来了这些东西。也真是神奇，这孩子竟当即写了几句诗，还把自己的名字给挂上去了。这是一首什么诗呢，这是一首孝顺父母，感激父母的诗。很快他的这首诗就被全乡的秀才拜读过了，大家自然是交口称赞。从此以后，只要有人指定一个东西让他作诗，他马上就能写好，而且论文彩还是寓意都有值得称赞的地方。这样一来他就成了全县的大名人，家喻户晓了，每家每户都把他的老爸奉为座上宾，甚至有人花钱来请方仲永作诗。他的父亲一看，咦，这是个赚钱的好办法，就每天拉着他到处给人家写诗赚钱。从此以后，也不让他学习了。到了十二三岁的时候，有人见到他让他写诗，写出的东西虽然还凑合，但远远没有以前写得好了。等到二十岁左右的时候，他的才能已经完全消失了，跟普通的人完全没有两样。因此王安石总结说，方仲永在文学方面是很有天分的，而且他的天分不知要比一般人高出多少。这么一个幼时如此聪明的人为什么会平庸一生呢，就是因为他后天没有坚持学习。像他这样聪明的人因为后天不努力都变成了废材，那么我们这些不太聪明的人，如果不努力刻苦，将来肯定一事无成。

因此我们应当清楚，如果我们想取得我们想要的成功，唯一的努力便是坚持、执着。哪怕你的学习底子再差，只要你能够坚持吃苦，对自己的能力有绝对的信心，非常淡然地看待自己目前的处境，你就会发现你一直都在进步着，你甚至认为聪明、天分在你的坚持、勤奋面前都是那么的无力。在你的攀登路上，任何的困难都吓不倒你，因为你一直在坚持，一直在努力，胜利、成功不属于你，那还会属于谁呢？

恋爱：高中是门选修课，大学是门必修课

一天晚上，我的学生突然饶有兴致地问我，老师你学生时代谈过恋爱吗？我笑着问他，怎么，你有心动的女孩啦。他连忙否认，没有没有。原来他们班一对学生谈恋爱，被女生的家长发现了，闹到学校去了，影响挺大的。我学生的话让我陷入了沉思，是啊，恋爱现在已经不是什么禁忌了，甚至变成了一件再稀疏平常不过的事情，平常大家谁都不再把它当作话题来讨论了，如同吃饭睡觉一样。但是又感觉很有必要捋一捋，还是先说一下自身的情况，再做一些讨论吧。

是啊，我学生时代恋爱过吗？有还是没有，我自己也说不清楚，但是应该算经历过感情上的一些问题。暂且把这些感情问题也算作恋爱说一说吧。

高中的时候，本人学习尚可，尤其是物理、化学方面还算有一定的优势。这期间，突然有个女生向我请教物理问题，按说这都是很正常的事，同学之间交流学习嘛。关键是这种交流的方式也太频繁了，这就不正常了。无论是课间，还是放学后，都拿着问题来问。起初我也没感觉出有什么异常，有时候哪个课间没来问，自己心里反而有点空落落的。后来渐渐地就不光讨论问题了，还谈一些其他的事情。自己的家庭状况啊、朋友啊、喜好啊什么的等，总之乱七八糟的什么都谈，而且谈的兴致很高，感觉总有说不完的话，交流起来十分舒服，也非常享受这种交流过程。过了一段时间，异样出来了，老感觉大家在用一种

异样的目光看着我们，我也说不出为什么。后来同桌告诉我，他们大家都在谈论我俩谈恋爱。我当时就蒙了，谈恋爱，我谈恋爱了吗？我们那个时候，谈恋爱还不是一件很光彩的事情，大家都会嘲笑谈恋爱的人。这该怎么办，我不想给大家留下这样一种印象。这段时间，她一如往常仍然来与我交谈，可我已经不那么热情了。后来她笑着问我，请教问题没有耽误我太多时间吧，我回答说没有。可不知怎么的，当她回到座位上的时候，我不由自主地望了望挂在教室后面的钟表。其实我并没有要提醒她，她问我问题浪费了我的时间，只是她一提到时间，我本能地去看了看钟表。而这一幕刚好被她发现，这回算是把她的自尊伤着了。从此以后，她就再也没有到我的座位旁与我谈心。好几次我都想跟她解释，始终都没有勇气，后来随着学习越来越紧张，这件事情也就慢慢搁下了。但我始终都没有忘记要对她做一番解释，直到高中毕业，也没找到解释的机会。现在想想无论那算不算恋爱，我始终都欠人家一声对不起。

到了大学时代，恋爱已经是一种很普遍的现象，已经见怪不怪了。但由于自己嘴笨，也不会行动，所以一直在那儿单着。后来另外一所大学的高中同学给我介绍了她们宿舍的一个，我也没有拒绝。谈就谈呗，这都是迟早的事，别人介绍的还省不少心呢，最起码大家都心知肚明，也不用在费什么劲让对方明白自己的用意。由于那个时候我们都没有电脑，所以交流只有靠手机，期间相互发过一张照片，彼此都比较满意，而且随着时间的交流，双方对彼此还都挺喜欢的。就这样在电话交流中度过了将近半年，有一天我高中同学提醒我们见个面。最后商定，我的高中同学陪她到我们学校。因为当时我在外面租有房子，她们俩来了以后可以住我租的房子，我去宿舍住。当时对我们来说，住宾馆的钱可是一笔不小的开支，所以我们认为根本没那个必要。见面之前，我们认为见了面以后关系会更上一层。因此，我早早地把房子打扫好，为了显示自己的诚意，我连她们回去的火车票都帮她们买好了。那天，我早早就来到火车站等她们。

那真是一种幸福的等待，这种感觉我到现在都有。可是当她们走出火车站，看到她们的那一瞬间，我的心里凉了半截，这女孩个子不高，完全没有达到我内心的要求。那天晚上把她们送回住处，寒暄了几句就回宿舍了，临走时还把返程的火车票提前给了她们。几天内，我都在陪她们逛，也去了不少好玩的地方，我看她们玩得也很开心，但是我始终热情不起来。这一切都被她，还有我的高中同学看在眼里，虽然也没说什么。后来她们快要走了，我高中同学把我叫了出去，她说那女孩看出来了我不喜欢她，每天晚上回来那女孩都哭。听了我同学的话，我也非常难受。我不是没试过去接受她，我也不只一遍地劝自己，矮点算什么，只要心灵好就行了。可是一到下决心的时候，我又无法迈过那道坎。

我同学说，无论怎么样你都得跟她说明白。我同学出去上网了，我去了她们住的房子里。她在那儿呆坐着，已经完全没有了白天时的高兴。相互沉默了一会儿，她问我咋想的。没时间耗了，我必须得说了，可是怎么说呢，直接告诉她个子矮她接受不了，肯定不能这样说。后来说了一个极其让人无法信服，又普遍使用的理由。我说我感觉我们的性格不太合适，我刚说完，她就再也控制不住自己的情绪伤心地大哭起来。就这样她一直哭，我一言不发地等着我的同学从网吧回来。第二天凌晨三点我就把她们送到了火车站，大家一路上都不说话，直到她们走向火车，也没怎么聊。等到她们回到学校后，我给我同学打了个电话，问她怎样了。我同学告诉我一上火车她就开始哭，一直哭到下火车。我还能说什么，那段时间我内心极度地痛苦，我一个月都没调整过来。我知道自己对不起人家，我的内心到现在都无法原谅自己的自私行为。因此现在每当倒霉的时候，我都会说这是上天的报应，我应该接受上天的一切惩罚。

读研究生的时候，也经历了两次小事，但对我都没怎么影响，也就是说情绪方面基本上没有什么波动。简单的也说说吧。

我们刚开学的时候，我们专业有一个女生特别吸引我。当时我心里想，都这年龄了，也该谈一次恋爱了，就试着追追吧，于是有事没事，就打个电话，约出来逛逛街，吃吃饭、聊聊天，倒也是很愉快。我时不时地也送些小礼物，她也都坦然接受，可是后来不知怎么的，再叫她出来就推脱有事不愿出来了。又试了几次还是不行，心想她是不是发现自己的目的了呢，可能没有相中自己，当时心里想算了，没相中就没相中吧，也别给人家添堵了，还是知趣些吧。后来不知怎么的她竟然成了我宿舍一家伙的女朋友，我当时就纳了闷儿，这位仁兄看起来不比我好到哪儿啊，咋没看上我呢，当然也只想想而已，也很快就过去了。

后来一段时间，闲来无事玩漂流瓶，刚好捞到同城另一所大学的女孩。刚开始有一句没一句地闲扯着，后来越聊越投机，慢慢地就步入正轨了，关系更进一步后就想见个面。她也同意见面，由于当时我们都在网上聊天，也从未视频过，也没有彼此发过照片。我的空间别人可以随便看，就是没什么可看的。为了不使她感到太突然，我往空间传了几张自己的照片，先给她打个预防针。可是要见面的那天晚上，我打开空间一看，她发表了一个说说，写的是好失望。我当时心里就凉了，肯定我的形象不佳，人家没相中，这可能是给我的暗示，如果我识趣的话，晚上也就不用去赴约了。就这样结束吧，因此那天晚上我也就没去，一连几天也没上网，后来打开空间一看，她的那条说说后面有好多评论。都询问她怎么了，原来是她的司法考试没过。我哩个天，这事闹得也没法弥补了，这件事也就这样过去了。

也许我所经历的上述几件事，压根就算不上什么恋爱，只是一点情绪的波动而已。连个手都没牵过，这算哪门子恋爱，但为了更好地讨论，必须首先要把我的情绪调动起来。好了，下面具体讨论，以下只是自己的一点见解，无关对错。

小学生、初中生那是坚决不提倡谈恋爱的，他们的心智还不成熟，自控力也差。当然，不允许小学生、初中生谈恋爱有千万个理由，我在这儿就不说了，反正学校、家长在这方面管的也很严，他们的恋爱现象还是控制得很好的。

对于高中生来说，为什么恋爱成了他们的选修课，因为这个时候年龄上相对而言已接近成年人，也变得较为理性，处理各种问题的能力已经有一个很大的提升。为什么说对他们而言是门选修课呢，因为这个时候是他们学生时代最重要的一个阶段，应该把所有的精力投入到学习当中去。而恋爱的经营那是需要时间的，如果在这方面没有处理好，没有分清主次，耽误了学习，那真是得不偿失。因此我建议，如果两个高中生互生好感，而且目标一致，可以谈恋爱，而谈恋爱的方式是结成对子，相互鼓励，相互学习，共同进步，把爱情的力量转化为学习的动力。两个人在一起就是鼓着一种学习攀比的劲儿，这样既考上了理想的大学，还收获了爱情，这是最好的结果。

但清华、北大从高中就开始谈恋爱的情侣们毕竟少之又少，因此不鼓励高中生谈恋爱，尤其是那种极端的，整天给别人写情书，别人不但不领情，还成了别人的噩梦，不但害了自己，也影响了别人。因此，在高中的时候，向别人表白失败时，千万不要深深陷入苦恼之中，而应该快速脱身。高中阶段本来就不是谈恋爱的最好时间，如果表白失败，你应该马上忘记这段情愫，立即投入到学习当中，因为这才是目前最主要的任务。好好学习，考上一所理想大学，到了大学以后好好谈一场恋爱，那个时候你有时间、有精力去伤心、去难过，也有时间去经营爱情。千万不要顽固地执着，没有任何意义，否则有可能毁掉你的一生，因此高中生切记啊。

好好地说一下大学的恋爱吧。为什么说恋爱对于大学生们来说是一门必修课，因为大学期间不单是专业课的学习，更是一个人综合素质提升很重要的时期。此期间，是一个人的责任心、处理事情的能力、善于思考及爱心养成的最佳阶段。当然这不是唯一原因，还有其他很重要的原因。作为人，最终都要结婚的吧，想结婚总得找对象，有了对象就得先接触一段时间吧，而接触时间的长短就决定了这段婚姻能不能成，甚至决定了以后婚姻的质量。大学生有的是时间，不用为生活发愁，不用整天想着工作的事。充足而无忧无虑的时光，让你对一段感情有充分的处理时间。你可以花费很多力气去寻找你心爱的女孩，如果这个女孩对你不是太感兴趣，你还可以做很多功课来获取这女孩的芳心。一旦牵手成功，你们有大把的时间去浪漫你们的爱情。如果在此阶段你们的爱情出现了一些挫折，你们有充分的时间去思考你们的问题出现在哪里。如果能找到问题，那么你会坚持不懈地去解决，如果你发现你们的问题是根本不可调和的矛盾，你们也有理性的思考去放弃这段感情，并进行充分的总结，为下一段感情做好了充分的准备。

再优秀的人都有这样或那样的缺点，或者是让你接受不了的生活方式。大学生谈恋爱期间，也会遇到这样或那样的问题，因为你们更多的是浪漫的时光，这种美好的感觉可在你们争吵时，把问题淡化了，不再显得那么突出。这样在你们长时间的相处中，你们彼此双方了解得更为仔细。我知道你不喜欢我的这一缺点，因此我试着去改变，因为长时间的美好，你也渐渐地接受了我这一缺点。彼此之间越磨合越默契。在此期间你们也会为工作的事、结婚的事、买房的事、生小孩的事及赡养老人的事等展开争吵，可是你们有时间去处理这些矛盾，久而久之，在你们结婚后，处理婚姻的各种矛盾已经有了一套解决方法。不会再为某些事情大吵大闹，因为你们已经融为一体了。即便是你们分手了，毕业后选择了不同的人生伴侣，但你们已经练就了一身的责任心、处理问题的能力。知道对于什么样的问题，采取什么样的处理方法。这就是大学期间谈恋爱的好处，它的关键在于你有充分的时间。

大学阶段是谈恋爱的好时光，说得再彻底一点就是过了这个村就没这个店。为什么这么说呢，毕业以后无论你是工作还是读博士，还是一直读到圣斗士。这期间无论你学历再高，你都没有时间谈恋爱或者是没有充足的时间处理恋爱中的各种问题。没有参加工作的人是无法体会参加工作人员的心累，不仅平时要加班干活，还要时常受到上司的责骂。升职的压力、协调工作的压力，请个假难如登天。好容易休息一天，还哪儿都不想去，只想好好地睡一觉。就在这种状态下，你哪有时间去谈恋爱。此期间一般都是通过介绍人两头碰个面，在一个饭桌上两人感性地认识一下对方。也许你没相中她，也许她没相中你，甚至还可能为一桌饭钱大吵起来。可是你们彼此都不优秀吗？未必，只是接触的时间太短，你们还不甚了解。就因为你们不了解，明天还要上班，所以你们的缘分也就一顿饭的相处，从此以后互为路人。

大学就不一样啊，如果你对她有好感，你有充足的时间去博得她的芳心，说不定他能发现你的优点，结果你们成一对了。离校以后，也许一顿饭的工夫，你们彼此互生好感，即便是你们还有继续交往的机会，可你们有充足的时间去处理各种出现的问题吗？都在上班，都有工作压力，肯定不会整天去处理各种矛盾，久而久之心生嫌隙，慢慢地就关系淡了，再好的感情也经不住时间的折腾。

双方怨谁呢，谁都不怨，要怪就怪时间这种调和剂太少了。即便是有幸你们进入了婚姻生活，但你们还是不真正地了解对方，彼此还是缺乏信任，一旦发生了矛盾就大吵大闹，还可能把双方家长都给绕进来。这回可热闹了，三天一大吵，两天一小吵。因为已经被生活压得喘不过气了，谁还有时间，谁还有精力去了解对方、体会对方。都没有力气、没有精力处理这个事情，结果只能是矛盾越来越深。当然上面说的也不是绝对，也有很多通过媒人介绍而成为和睦的夫妻，但相对而言还是大学期间结成的对象幸福感更高一些。

最后再说一点关于分手的事吧。分手其实很正常，哪个人一生中没有几次轰轰烈烈的恋爱。超过两次或两次以上的恋爱就说明你分手过或被分手过。当然了，对于大多数的人来说，分手后伤心一段时间也就过去了，对那些感情极深的情侣在时间的治愈下，一切愁云也终将一消而散。但是在分手的人群中，也有许多极端的例子，发生悲剧的事情也时而出现。这主要是在这方面投入太多，不舍得放手，在一味的委曲求全之后，发现还是无法挽回对方的心，在这种极端伤心、极其愤怒的情况下，做出了失去理智的事，最终只能是两败俱伤，无任何的好处。

人什么时候都要豁达一些，在这一生中，我们终要失去些什么，我们虽然为所失去的东西难过，但应记住，在以后的人生当中我们还将收获很多。当别人提出分手时，很潇洒地放手吧，天涯何处无芳草。当向别人提出分手时，也请自己很明明白白地告诉对方。互相纠缠没有任何好处，我们总应该清楚，我们不是为了恋爱而生的，我们周围还有家人，还有朋友，我们前方的路还很长，迈过这道坎，就会发现我的人生精彩如昨。为了给大家一些告诫，我还是想举些例子，这些分手的例子也许你早有耳闻，可我还是想讲一遍，再给你打一次预防针。

发生在四川的一起分手悲剧。一对小情侣闹分手，喝酒后女友从桥上跳进护城河，女友的闺蜜一看好朋友跳下去了，说了句你跳我陪你跳，也扑通一声跳了下去。一看此情况，男友也跟着跳了下去，结果三人全部不幸溺亡。唉，为了这点事，搭进去三条人命，真是极其的不理智。

再说一件发生在北京的分手惨案。女友不满男友提出与自己分手，拿着尖刀去找男友理论，在争吵中女孩失去理智将男孩扎死。法院以故意杀人罪判处她死刑，缓期两年执行。因此说感情的问题出现裂痕时应该理性看待，千万不可走极端。当爱情变成一把冷冰冰的杀人工具时，伤害的不单单是你们两个人，还有你们的两个家庭。

最后再说来自一个浙江的例子。一对高中小情侣，因为一点小事发生拌嘴，男友一怒之下提出要与女友分手，小女友一时不能接受，趁父母不在时，喝下了家里的剧毒农药百草枯。但幸运的是，农药已经做过稀释，再加上抢救及时，女孩总算挽回一条命，而男孩也害怕得不行，称自己只是想吓一下女孩，并没打算真的分手，女孩家长可不管这些，将男孩家庭告上法庭，要求赔偿医药费。

当话题进入结尾的时候，我告诉我的学生，大学阶段好好地、理性地、认真地谈一次恋爱吧，千万不要为了谈而谈，一切都要用心，通过恋爱把自己变得更加成熟、更加稳重。

如何摆脱公共场所发言紧张情绪

　　今晚我的学生情绪非常低落，一问才知道，原来他们的物理老师为加强学生的学习效果，采取了一种新的教学方法，让学生每人准备一道比较典型的题，上课期间轮流到讲台上来给同学们讲解。今天下午轮到他了，他本来准备得非常充分，还试着在下面练习了很长时间。可是一到讲台上，看着几十双眼睛齐刷刷地盯着自己，顿时慌了神，心里扑通扑通乱跳，始终张不开嘴。僵持了几分钟，在老师的安慰鼓励下一点效果都没有，仍然是脑袋一片空白，始终说不出话来。最后老师很无奈地让他回到了座位，这件事让他感觉无地自容，一想起这件事，脑袋就嗡嗡的，脸发热出汗，感觉非常丢脸。

　　我与我的学生有着相似的经历，心理素质也是差到让人不敢恭维，因此我觉得很有必要和我的学生畅谈一下。

　　公共场合演讲或者是发言是学习工作中必备的一项素质，必须要很好地掌握，否则大家很难知道你的观点，你也失去了展示你才华的机会，毫无自己的特色可言，一生都会活在被动之中。

　　记得高三的时候，有一次班主任为了缓解我们的学习压力，同时也是给大家的学习加油鼓劲。每天的自习课，都让我们大家轮流着去讲台说一些拼搏努力的话，给自己也是给大家增添信心。我也是做了精心准备，那天终于轮到我了，可是一上讲台就蒙圈了。讲台上和讲台下还真的不太一样，顿时感觉成了全班的焦点，那种紧张窒息的感受我到现在还有。我顷刻间傻了眼，但也不能

在那儿干站着，最后老师给解了围。老师说不能说那就唱吧。我就站在讲台上哼哼唧唧地唱了两句就下来了。从此以后我再也不愿意参加活动，能躲就躲，同时我也承认自己的心理素质极差，但却一直没有想着去改变。

到了大学以后，虽然年龄和心理都成熟了，同学之间的氛围也随意了很多，但似乎对于我在公共场合的发言并没有什么提高，我一如既往地紧张，一如既往地排斥这种场合。必须发言的，我就在下面背熟记牢，站在大家面前像背书一样地发言。可以不发言的，我绝对不会主动站起来发表自己的看法。所有的班务会发言，我只有在新生刚入学的时候自我介绍了一次，以后的发言我一律没有参加，更别说参加什么晚会活动了。大学四年就这样过去了，我在公共场合的发言水平一点长进都没有，我一直像躲瘟神一样地躲着它，没有发现它的一点好处。

到了研究生阶段，以每个导师为中心形成一个团体。我们导师连博士带硕士一共带了七八个人，导师每周六下午都会给我们开一次座谈会，让我们每个人都谈一谈一周的学习心得。那个时候一星期当中最难熬的就是周六下午。为此每次我都会把自己想说的提前写下来背熟。七八个人围成一个小圈子，人都非常熟悉，即便这样我都紧张得不行，当然了一些很好的见解，我也从未表达过。有时候我也很羡慕大家能像聊天一样的发言，看着同学们在那儿畅所欲言地表达着自己的看法，我也幻想着自己有一天也能变得像他们一样海阔天空地聊着。可是这种讨厌感、恐惧感的力量比幻想着美好强大百倍，因此我一如既往地排斥着公共场所的发言。

真正让我试着去改变自己，下决心提高自己的心理素质，克服自己在公共场所发言胆怯的心理，还是在参加工作以后。工作以后免不了大大小小的会议，尤其是领导给大家开的座谈会，为的是了解一下下属的心理动态，对工作的一些看法，有什么好的建议等。这个时候我仍是采取逃避的策略，能不发言的就不发，必须开口的就提前写下来念，不让念的就背下来。从来没有什么临场发挥，更没有什么补充发言。

这个时候，这种不好的效果就显现了，领导对我的印象不深刻，在公司就是一个很平凡的人，没有自己的想法，没有自己的主见，永远只是一片绿叶。

这个时候我就下定决心，试着找一些方法来改善自己的心理素质，也就是想方设法把自己的胆子练大些。

其实我们每个人都不是什么闷葫芦，都很有想法，对于一些问题也很有见解，只是在一些公共场合没有勇气倾诉罢了。我仔细想了一下，人的胆怯心理主要是根据所面对的人的不同而呈现不同的程度。试想一下，我们对自己的父母、对自己的兄弟姐妹说话会恐惧吗？应该没有吧，和自己的亲朋好友可以很畅快地毫无压力地说出自己的想法。这就说明了，我们语言的表达能力是没有问题的，因为我们的亲人朋友可以很好地了解我们的想法。

我认为表达恐惧症可以分为三个等级。第一等级，和亲人、朋友对话，毫无压力可言，可以谈天说地，甚至达到了神采飞扬的地步。第二等级，对待陌生人，一群陌生人看着你的时候，你会非常紧张，但你还能够坚持下来，如果没有事先准备你也能说两句，为什么，都是陌生人，谁也不认识谁，即便是表现不好，过后谁也不会记得你，这样就稍微减轻了你的心理压力。最难的是第三等级，也就是对着自己的同事或者是跟你熟悉但关系不太密切的人，这个时候你的心理负担就特别大。你会老想着，如果表现不好，给他们一个不太好的印象，事后他们在背后会怎样议论自己。由于事后还要在一块共事，他们对我的想法会不会牵扯到对我工作能力的质疑。带着这样的沉重枷锁，即使你提前准备了发言稿，效果也不会太好。为了克服自己的心理障碍，我采取了一步一步前进式的方法来摆脱作为焦点的恐惧。

首先我逐渐地加入室友的讨论，舍友都算熟悉，虽认识不长，但关系还算可以。以前的时候，只要一关灯，我就特别地头疼，因为其他人又要胡扯了。我不仅不参与，而且非常厌恶，认为他们影响了我的休息时间。我就戴上耳机听广播、看电影，来打发这一段极其讨厌的时光。为了改变自己的困境，我先从与室友们的谈话开始。大晚上的，都躺在床上黑灯瞎火的，谁也看不见谁，心理负担最小了。于是我试着插入到他们的话题当中，刚开始的时候只说一两句，也不能引起其他人的兴趣，但是慢慢地，也不知道我的哪句话引起了大家的注意，有时候也会顺着我的话题谈论半天。这样一点点的就激发了我讨论的兴趣，变得毫无压力地表达自己的观点，甚至有时候对于其他人的观点，我还

能提出反驳的意见，有时候甚至争执起来。时间一长我就发现，在这样的场合发言，我已经完全没有了心理压力，可以很轻松地说出自己的看法。

下一步选择的就是酒桌这种场合。当然了，酒桌虽然自己不是焦点，但在以前也只是与自己周围的人交流。要么就玩玩手机，对于共同的话题从来没有搭过腔。我要从酒桌这种场合来改变自己的心理素质了，现在大家都已经曝光在灯光下面，看谁都清清楚楚的。俗话说酒壮熊人胆，我虽不认为自己很熊，但酒确实壮胆。由于喝酒都是用的大杯子，所以为使自己很快进入晕乎状态，我每次都是一大口，这样一来，胆子就大了，我便试着加入了大家的公共话题。经过几次的磨炼后，我发现效果不错。接着我便除去酒精的作用，尝试着加入大家的讨论，一开始还真是有点紧张，但我知道我在酒桌上的谈话并没有出什么糗，不会闹笑话的，就这样安慰着自己、鼓励着自己，慢慢地融入了进去。就这样在酒桌渐渐地变得很自然了，该说什么就说什么，想讲什么就讲什么，这对我来说已经是一个进步。但这毕竟不是什么正式场合，自己也不是所谓的焦点。要想取得更进一步的话，必须要把自己置于众人的目光之下。

要想在众人的目光下练胆儿，得先选在陌生人的目光下练，进步要一步步地来嘛。于是我选择了市中心的人民广场，每到晚上的时候，广场散步的人就特别多，而且在广场的一个区域，有人设置了 K 歌台。只要自己喜欢，交五元钱就可以挑一首自己喜欢的歌，在大庭广众之下嗨起来。以前我只是个听者，看着也没什么，虽然你在唱的时候，可能有很多人在注意你，但无论你唱得好，还是不好，一旦唱完了也就没人注意你了，大家都在注意下一位唱歌的了。于是我鼓起勇气，交了五元钱，挑了一首歌唱了起来。整个过程太紧张了，我也不知道是怎么唱完的，但唱完以后，看看周围的群众也没啥异常的反应，这让我轻松不少。以后我就天天去广场唱一首，渐渐地这种紧张感就消除了。有时候，在唱的时候我还在思考，怎样唱才能唱得更好，我还观察周围人的表情，就这样心理障碍一点点地克服，到了最后我还会来点花样，比如今天是七夕节，在唱之前我会先说，祝天下所有有情人终成眷属，祝所有的夫妻百年恩爱，等到唱完之后，我会对我的听众表达谢意。不自觉的我已经喜欢上了这种表演形式。在公共场所表达的紧张心情，也在不断地克服，不断地走出了公共场所表达的恐惧症。

所谓养兵千日用兵一时，经过不断地摸索，不断地尝试，我认为自己的心理障碍克服得差不多了，也该用到正式场合了。我的目的很简单，不想在公司做一名无名小卒，不想被人遗忘，想让自己得到周围人的认可。于是在以后的讨论活动中，我会提前准备要讲哪些东西，当轮到我发言时，我先平复一下自己的心情，然后把自己准备的完完整整地表达出来。前一阵子没有白练，效果比以前好了很多。于是在以后的讨论当中，我也试着说几句，虽然说的不是很精彩，但我终于迈过了这道坎。

有了第一次，第二次就好多了，就这样在以后的会议中，我变得不再那么胆怯了，不再那么讨厌开讨论会了。有什么想法也能够很好地表达出来，有时候领导还专门让我谈一谈自己的想法，这不正是我想要的吗？后来站在台上演讲，我再也没有用过稿子，虽然每次演讲我都会认真细致地准备，但却完全脱稿了，这对我来说真的是一次很大的进步。有时候我还会跟着大家的表情插上几句笑话来活跃气氛。我的公共场所发言恐惧症终于被我自己克服了，感觉整个人都自信了不少，工作再也没有出现被动的状况。

最后我对我的学生说，你必须想方设法试着去克服公共场所表达恐惧症。因为这是一个人的必备的素质，你迟早都会面对。不要试图躲避什么，你躲不开。赶在对你的影响不大时，抓紧克服它，不要到用的时候再想着去解决，那样会花费你很多的时间，也需要更多的勇气。

了解一些基础的世界历史、科普知识等常识的必要性

有一天，我的学生说，晚自习的时候读了一本在市图书馆借的《列国志苏里南》，被老师发现给没收了，不知道如何开口给要回来，并下定决心以后再也不看这些乱七八糟的书了。听了学生的话，我又喜又惊，喜的是还真有学生关注这方面的书，惊的是他居然把这种书看成是乱七八糟的书，并打算以后再也不读了。看来我必须得好好地给他探讨探讨这个问题了。

我们生活在这个世界，目标不能只是为了工作而工作、生活而生活，其他一切与生活无关的，我们一律不关心，像个傻子一样的毫不关心我们生存的星球。就如同我们必须知道爷爷奶奶是谁一样，我们非常有必要对于人类文明的发展史有一定的概念。虽然不要求你像史学家一样如数家珍，但一个大致的发展过程你总该知道。我们生活在这个星球上，这个星球的一个大致演化过程你心里总该有数。就如同你买了个房子，从这个房子打地基到这个房子盖成，再到装修你都比较清楚一样。你心里应该装个地球仪，对于我们生存的世界有一个总体的印象。虽然说你可能一辈子只会生活在世界的一角，但你完全有必要了解生活在世界各个角落的小伙伴。这个学习过程其实是培养一个人大局意识的过程，让人学着考虑问题，从全局出发，能够前后联系，由此知彼，最终对待一件事情或一个问题，能够客观全面地进行处理。

对于我们普通人来说，我总认为我们认知人类文明的主要发展史有失偏颇。我们中学时代一直在学历史，我们对我们的五千年文明史了如指掌，我们骄傲

于我们是四大文明古国之一，我们骄傲我们的民族创造了那么辉煌的历史文明。因此我们就想当然地认为中国就是世界的中央王国，我们是世界的中心，我们虽然近代落后了，但在古代我们无人能及，我们的文明远把世界其他文明甩在身后。什么埃及文明、什么希腊文明，巴掌大的地方，怎能与我泱泱帝国相提并论。什么地跨亚欧非的大帝国，只不过是沾了几大洲交界的光，再怎么跨，国土面积也没我们的大，而且还都只是昙花一现。什么印度文明，那个发明 12345 的国家，历史上就从未真正统一过。

如果你有这样肤浅、甚至无知的认识，我也不怪你，要怪就怪我们中学时代教授的世界历史太少了。就那两本书，根本无法让我们清楚地认识世界文明的发展史。因此我奉劝大家，无论是在学生时代，还是进入社会，在我们的匆忙之余，拿出些时间，对于一些人类文明的发展史稍微地阅读一下，不求你记住，只求你知道有这么一档子事。在你阅读完以后，希望你能把世界其他文明的高度拔高一节，可能在你的心里还是与我们的华夏文明无法对抗，但至少不再让你那么小瞧，也让你把我们的文明放在世界文明中，不再那么显得鹤立鸡群，对自己的文明有一个更客观、更全面的认识，让自己知道原来世界其他的地方的古人也创造了这么叹为观止的成就。只有了解世界，我们才能更好地认识我们自己。现在我就拣几段世界其他古代人类的文明给大家粗略地交流一下，望引起大家的兴趣，主动地去读有关这方面的书籍，来加深自己的认识。

先说说阿拉伯世界吧。一提起阿拉伯地区，你可能首先想到的是伊斯兰教。没错，是阿拉伯人创立了这种影响深远而又伟大的世界级宗教。你可能还会想到阿拉伯帝国，这个历史上曾经地跨亚欧非的国家，西班牙历史上一个很重要、很辉煌的时期，其实就是在阿拉伯人统治的时期。也许你对他们古代经商的故事比较清楚，这也就不奇怪阿拉伯人是丝绸之路的桥梁，你还知道他们把 12345 传播到了全世界。而对于当今的阿拉伯世界，你可能印象并不太好，穿一身长黑袍只露两只眼睛的妇女，巨大的贫富差距，没完没了的战争冲突，狂热的宗教情节，这可能就是你对当今阿拉伯世界的印象。如果真是如此的话，这完全是你对阿拉伯世界的以偏概全，是对阿拉伯人的一种误解。阿拉伯民族其实是一个非常善于学习、善于思考、善于创新的民族，他们的思想很开明，

非常愿意接受世界的先进思想，从他们历史上创建的巨大文明就可见一斑。当今的阿拉伯世界确实是一个落后、混乱的世界，但是造成这种局面的根源是万恶的西方列强，是那些整天喊着民主、人权的欧美国家。下面我们浅显地了解一下阿拉伯的历史文明。

阿拉伯人曾经创立一个西起西班牙，东至大唐边境的亚欧非大帝国。这一时期其科学技术及文化成就都达到了当时世界的最高峰。数学方面，虽然数字1至10是由印度人创造的，但0是由阿拉伯人发明的。0的发明对数字运算产生了巨大的影响，甚至可以说是难以估量的影响。代数是一门我们中学时代的必修课，而代数能成为一门学科，与阿拉伯的伟大数学家花拉子密密不可分。知道积分学吗，它也是由阿拉伯人提出的。阿拉伯人写的《测量与几何》，讲解了如何测量不同图形的对角线、周长、面积，以及测量各种不同形状物体（六面体、棱柱体及圆锥体）的体积与表面积。阿拉伯人所写的《计算机巧珍本》主要内容是关于四次方程的个别解法与如何处理无理系数的二次方程。在阿拉伯人的另一本数学著作《代数问题的论证》中，开创性地提出用圆锥曲线解三次方程的方法，堪称是对代数学发展的划时代贡献。阿拉伯人对数学的另一巨大贡献是三角函数，这一数学分支的许多重要概念，如正弦、余弦、正切、余切。我们在中学学习的一些三角函数公式就是巴塔尼发现的，还有关于球面的余弦定理也是这位伟大的数学家对人类的贡献。

医学方面，伊本·西那编著的《医典》是一部医学的百科全书，可谓是集当时的阿拉伯医学成就之大成，内容非常广泛，涉及内科、外科、妇科、儿科、神经学、眼科、正骨、针灸、药剂等各医学分科。全书共分五卷，共百余万字。《医典》作为医学领域的一部巨著，在许多方面都有开创性的成果。书中详细分析了面部麻醉和胸腔神经分支，确定了结核病的传染性，鉴别出了肺炎和胸膜炎、急慢性脑膜炎，脑外伤和脑内部疾病的麻痹症，成为几个世纪后很长时期内欧洲各大学的主要医学教科书，享有医学圣经之誉，一直被东西方的医学界奉为医学科的权威指南。艾布·卡西木被誉为最伟大的外科医生，他的《医学宝鉴》中强调了解剖特别是活体解剖的重要性，发明了伤口烧灼术和膀胱结石术，并配以图解。在此后的几百年时间里，该书被当作外科手册，奠定了欧洲外科学科的基础。伟大医学家拉齐掌握了酒精的提炼方法，要比欧洲人早三百多年，他还成功培育出了牛痘苗，发明了医治各种疾病的水银涂药，对儿科和麻醉也有专门研究，其代表作《医学集成》是阿拉伯最大的一部医学百科全书，成为几个世纪前欧洲医学界长期使用的权威著作。另外眼科医生阿里·本·艾萨在他的《酒精疗效》一书中详细阐明了一些眼疾的治疗与手术方法，与他同时代的医学家欧麦尔·本·阿里成功地做了世界上第一例摘除白内障手术。还有一位医学家，他所著的《医学全书》里面有很多新的贡献，如关于毛细血管系统的基本概念，说明了分娩时婴儿不是自动出来的，而是子宫肌肉收缩推出的。

文学方面。一提起阿拉伯，人们自然想起它的著名古典文学《一千零一夜》。《一千零一夜》的内容极为丰富，包括寓言故事，爱情和冒险故事，名人趣事等，描写得非常生动，想象也很丰富。另一部著作《吉尔伽美什史诗》，这部史诗要比《荷马史诗》早几个世纪，是人类历史上第一部史诗。

天文学方面。阿拉伯人在古代天文学方面取得的成就令人非常吃惊，其中一位叫希德尤的科学家，在公元十世纪末，可以不借助任何望远镜，只用肉眼观测天象、星座和行星，取得了人类力所能及的最大成就。另外花拉子密以法薛里的天文表为蓝本，制定了花拉子密天文表，这部历表成为东西方各种历表的蓝本。在后来的几个世纪中，欧洲天文台的建立在很大程度上是参照了阿拉伯的天文台。欧洲人用的一些天文仪器也是由阿拉伯人发明的。

化学和物理方面。阿拉伯人很早就指出了汞、铅、银、金的密切关系，懂得了氧化和还原的化学过程，而且还首次发现蒸馏和过滤的方法。贾比尔·本·哈扬是现代化学的鼻祖，是中世纪最伟大的化学家，他科学地论述了化学的两个主要的反应活动——化合和分解。贾比尔还改进了蒸馏、升华、溶解和晶体化的方法。他首先发现了硝酸、硫酸和硝酸银以及其他几种重要的化合物，他还知道如何生产能分解金银的王水。他是实证学和动力学的先驱，他的著作达二十二部之多，其中《化学的秘密》、《化学的原理》等均被译成了拉丁文，对西方化学产生了巨大影响。

物理方面，阿拉伯著名的物理学家伊本·海塞姆，对光学进行了卓有成效的研究，他的著作《论光学》解释了人眼的构造及各部分功能，说明了物体上

的光线反射入眼中而产生错觉，纠正了希腊科学家认为光线是从眼中发出的错误。他首次证明了光线在相同物质中是直线传播的，并研究了光的反射、折射问题，分析了诸如太阳出现光环、日食、月食等物理现象，而且他还是最早研究玻璃球面弓形的扩大作用的物理学家。

阿拉伯历史上取得如此伟大的历史成就，是与其统治者分不开的。阿拉伯帝国很多君主都大力扶持和开展科学文化事业，采取了兴办学校、创建图书馆、天文台等一系列举措。广纳天下才俊，任人唯贤，统治者们对于学者不但给予优厚的物质待遇，而且还赐予官职，吸引了很多世界优秀的人才云集阿拉伯。这些举措极大地促进了阿拉伯科学事业的发展。

接下来讲一讲古印度人所创造的文明。我们当今很多人知道印度是四大文明古国之一，这个诞生了佛教、印度教的国度，也是世界少有的拥有核武器的国家。我们知道他们创造了阿拉伯数字，知道他们有甘地，有泰戈尔两位世界著名的人物。知道泰姬陵驰名世界，可是给我们印象更深的是，这是一个脏、乱、差的国度，这个国家的强奸案的发生率给人的影响甚至超过了瑜伽、印度舞蹈。不管怎么说，印度是目前全世界发展非常迅速的一个国家，在世界的舞台上有着非常大的影响力。下面简单说一下古代印度人所创造的伟大历史成就。

印度是一个具有悠久科学技术传统的国家，其古代在天文、数学、历法、化学、医学、农学、生物学等科学技术领域取得了非常巨大的成就，尤其在天文、数学与医学领域，所做出的成就对世界文明的进步做出了重大的贡献。

天文学方面。古代印度人凭借肉眼观察天体，很早就对所谓七曜有所心得，七曜分为太阳、月亮、水星、金星、火星、木星与土星。印度古人很早就已经知道，一年有366天，五年为一个周期，共1830天，一年又分12个月朔望月，每一个周期为62个朔望月，其中两个闰月，一个朔望月约为29.516日。为方便起见，每月定为30日，这样两个月实际会比两朔望月多出近一天，故必须从日历中减去一天。这一失去的一天被称为消失日。《吠陀支天篇》记载了计算确定消失日的方法，更为重要的是书中详细说明了计算与测定太阳和月亮的位置，以及测定春分点位置的方法。印度古代伟大的天文学家阿利耶毗陀所编写的《阿利耶毗陀论》是一部伟大的天文学巨著，它的第一部分为天文表集，为作者创立的数字系统，用以表示天文数据。第二部分是算法。第三部分是时间量度，讲述了天文计时法。第四部分讲述地球以及地球与太阳、月亮等太阳系天体的相对位置，他准确地解释了日食与月食发生的原因，并能准确计算日食与月食发生的时间。阿利耶毗陀在天文学方面最惊世骇俗的学说是他的日新说，他大胆地提出，地球是一颗行星，不但绕着太阳公转，而且围绕着自身的轴自转，阿利耶毗陀这一天才发现，闪现出印度古代文明的伟大智慧，比西方哥白尼的日心说早了一千多年。另一位天文学家巴斯伽罗·阿梨，在数学研究的基础上撰写了天文学名著《天算妙要》，他仔细观测了天体运动的规律，研究了它们运动的原因，他的书涉及行星位置、天体会合、日食月食、宇宙结构等。

数学方面。古代印度的数学著作被称为绳经，就是度量的意思。著名的绳经有《宝陀耶那》、《摩那瓦》、《梅特拉耶那》、《伐拉哈》和《瓦都拉》，这些绳经是当时世界上最早的数学著作，其中《宝陀耶那》最为著名，该书不但提出了勾股定理，而且还提出了分数的概念，并运用分数计算出了 2 的平方根的近似值。这些绳经主要研究了正方形、长方形、平行四边形、等腰梯形、菱形、直角三角形、边长为整数的直角三角形、等腰三角形、圆等基本几何图形的性质，并归纳出了一些几何定理。阿拉伯数字系统是印度古代数学对世界文明的又一重大贡献，如果没有印度人发明的如此发达的数字体系，大多数被欧洲引以为豪的伟大发现与发明，都将不可能实现，难怪有人说，在数学方面，西方世界受惠于印度的程度无论怎样估量都不为过。

婆罗门笈多所著的《婆罗门历数书》中涉及了代数、平面几何、立体几何等诸多方面，除了整数、分数和四则运算等基本数学内容外，他还引入了负数的概念，确立了正负数的加减规则，此外他还得出了有关比例、联立一次方程、等差级数、二次方程等数学问题的算法，他懂得如何从共圆四边形的边出发求得其面积和确定其对角线。

另一位天才数学家巴斯伽罗·阿梨，其所著的《历数精粹》有重大的突破，在这本书中，他规定了负数的乘法规则。例如，他规定的负负得正、正负得负的规则，实际上开启了代数符号现代约定的先河。他是世界上最早对任何数除以 0 的意义有所领悟的数学家。他已经开启了以字母表示未知数，与现代代

数的用法非常相似，他已经能解一次与二次不定方程，他发现了正数的平方根的双值性，指出了二次方程有两个根，他设计了计算球面面积的求和方法，这一方法被世界科学界认为相当于微积分的雏形。

医学方面。公元前 8 世纪，遮罗伽所著的《遮罗伽本集》是一部享有盛誉的医学著作，此书共分 120 章，分为八个部分，第一部分为医学基本原理，第二部分为诊断学，其余部分对生理学、解剖学、药理学、治疗学等分别予以探讨，对热疾、癫痫、肿瘤等八种主要疾病的研究尤为深入，同时提出了营养、睡眠和节食等现代医学十分重要的养生问题，被称为古代印度医学百科全书。

印度古代另一位名医妙闻，被称为印度外科的鼻祖。妙闻十分重视医学实践，主张通过解剖尸体弄清楚并研究人体解剖，他在实践中同时研究了胚胎学和人体解剖学，与此同时他还研究了产科学。他所著作的《妙闻本集》涉及医学通论、解剖学、疾理学、药理学、外科学和各种理由。妙闻很可能是世界上最早也是最透彻理解人体解剖学对医学发展重要性的外科医生。古代妇女生育时的高死亡率引发妙闻的巨大同情与关注，他在《妙闻本集》中，对于胚胎的发育过程、胎儿在子宫的不同位置、分娩通道、分娩时可能出现的并发症及其处理都有论述。他还记述了 121 种手术器械的图形与用途，其中包括解剖刀、柳叶刀、钎子、镊子、导管、针、锯、钩、剪及探针等，手术项目包括解剖术、膀胱结石切除术和整形外科手术等，其中膀胱结石切除术领先欧洲十个世纪，他发明的皮瓣移植技术至今依然为整形外科的基本医疗手段之一，他还为遭受劓刑的病人修复受损的鼻子，从而开创了印度的整形外科。他还能够为接受手术的病人采取一定的麻醉手段，他的书中甚至记载了用以修复伤疤的药物和细节。由于妙闻的开拓性贡献，印度外科医学在世界长期处于领先地位。

最后讲一下犹太文明。发端于 4000 年前的犹太文明是世界上最古老的文明之一，它是一个在近 2000 年里失去了故土和家园，没有固定的主体活动地域，因而流散并渗入世界各地域的文明。正因为此，在漫长的岁月里，犹太文明常常被视为“外来”的甚至“异端”的东西以致受到客居地主体文明的强烈冲击乃至挤压，还经常遭受敌对势力的打击和摧残。在这种艰难困苦的状况之中，犹太文明居然顽强地生存了下来，而且不仅能不断发展自身，还对人类文明的发展做出了巨大贡献。内中的原因十分复杂，但主要是因为犹太文明具有超乎寻常的内聚力和生命力，而这种力量来源于犹太文明的三大支柱：以犹太文化传统为主体的民族认同感；以犹太教为纽带的共同信仰和价值观；以家庭为基础、犹太会堂为核心的社团网络。

犹太人的伟大，还是讲一讲世界著名的犹太人物比较直观。犹太人占世界总人口约0.3%，却掌握着世界经济命脉。在全世界最富有的企业家中，犹太人占50%以上，福布斯美国富豪榜前40名中有18名是犹太人。如第一个亿万巨富、石油大王洛克菲勒，有史以来最大的投资家、"美国股神"巴菲特，"金融资本的巅峰力量代表"、华尔街的缔造者摩根，被称为"美元总统"的、美国联邦储备委员会主席格林斯潘，狙击英镑成功一举成名、曾掀起亚洲金融风暴的超实力金融大鳄索罗斯，戴尔公司创办人戴尔，甲骨文公司的创办人艾利森，电影世界的领头羊斯皮尔伯格。

在思想研究方面。犹太人中产生了一大批学术大师，如马克思、爱因斯坦、弗洛伊德、达尔文等，他们对人类的发展做出了划时代的贡献。马克思科学社会主义，爱因斯坦的相对论，弗洛伊德的精神分析学，达尔文的生物进化论，这些理论体系分别表征了人类在自然科学、社会科学、心理学、生物学领域内的思想最高峰。

科学技术方面。犹太人口数量只占世界人口数量的0.3%，但诺贝尔奖获得者中有近25%是犹太人。犹太人科学家中，被称为"父亲"的较多，如"原子结构学说之父"波尔、"核和平之父"西拉德、"原子弹之父"奥本海默、"氢弹之父"特勒、"控制论之父"维纳、"世界语之父"柴门霍夫等。

文学方面。著名作家有：海涅、施尼茨勒、茨威格、丹尼莉·施尔、普利摩·利瓦伊。其中，海涅是享有世界声誉的德国诗人，他的《旅行记》曾在当时引起强烈的反响，属于世界一流作品，特别是《我是剑，我是火焰》《德国，一个冬天的童话》曾被翻译成多国文字，许多国家将其作为语文教材。

音乐和美术方面。有著名作曲家、演奏家莫扎特，著名钢琴作曲家肖邦，作曲大师门德尔松，华尔兹大王小施特劳斯，交响乐作曲家马勒。著名画家毕加索、夏加尔等人。

以上只是很浅略地讲述了一下三种世界文明的发展过程，目的是要引起大家的兴趣，拿起相关的书籍去仔细品味。当然要阅读的文明发展书籍可不只有上述三种，像波斯帝国、奥斯曼土耳其帝国、埃及文明、希腊文明、罗马帝国等。如果你有兴趣还可以再读一些英国、法国、俄国及美国的一些历史。当然你可以不用精读，只是当作一般的科普读物，了解一下世界的文明发展。

我们生存的地球是怎样一步一步地变成现在这个样子的呢，大家肯定会说，地球起源于 46 亿年以前的原始太阳星云，经历吸积、碰撞这样一些物理演化过程。在这个星球上曾出现冰河世纪、出现过恐龙时代。除此以外还可能知道的就不太多了。其实生命出现以前的地球我们也没必要知道太多，因为研究那个阶段地球的科学都处在一种模糊的状态，都无法给出一个明确的答案。但是我们至少对出现生命以后的地球有一个大致的认识，由于通过一些生命物体的化石，生命的演化过程已经研究得相当成熟了，我们完全可以拿来作为一些科普知识使用。

化石记载地球上最早在大约 35 亿年前出现生命。古生物学家迄今发现的远古生物历史可追溯至 6.35 亿年前的欧巴宾海蝎，而真正的生命大爆发发生在寒武纪时期（约 5.42-4.9 亿年前），这个时期地球上突然涌现出各种各样的结构复杂的动物，这个时期的代表生物为三叶虫。

接下来开始出现无脊椎动物，这个时期叫奥陶纪（5.1-4.38 亿年前）。这个时期藻类变化不大，三叶虫数量仍居首位。此时其他无脊椎动物数量和种类都超过了寒武纪。最常见的有珊瑚、腕足类、腹足类、海百合和鹦鹉螺等。

接下来进入有脊椎动物占主导的时期，这个时期被称作志留纪和泥盆纪（4.39-3.63 亿年前）。在经历了漫长的演化之后，地球终于进入到由脊椎动物占主导地位的时期。鱼类成为当时的霸主。泥盆纪晚期，由于地球气候变得恶劣起来，湖沼干涸，盾皮鱼类绝种，许多鱼种也同样面临着威胁。在这漫长的年代中，总鳍鱼中的某些支很好地适应了环境，它们依靠偶鳍、内鼻孔和鳔爬上陆地寻找水源和食物，久而久之，其中的一部分逐步演化为原始两栖类动物。

泥盆纪过后进入石炭纪和二叠纪（约 3.63-2.51 亿年前）。石炭纪时期，气候潮湿，因而出现了新的奇特的森林，这是陆地上最早的森林。这些森林不像今天的沼泽森林那样茂密、黑暗，它们由木贼、厚层的蕨类植物和又高又细的树木组成。新的奇怪的动物在这奇特的景观中定居下来。各种形状和大小的两栖类动物在湿润的环境中繁盛起来，体形巨大的昆虫也是如此。

从三叠纪（约 2.5-2.05 亿年前）开始，进入爬行动物时期，包括大型肉食性动物，轻巧的捕猎动物，身披鳞甲、嘴巴像猪一样的植食性动物和像鳄鱼一样的食鱼动物，它们与最早的恐龙生活在一起。许多爬行动物比最早的恐龙体型大而且更常见。

接下来进入恐龙鼎盛的时代侏罗纪（约 2.08-1.46 亿年前）。这个时候除陆上的恐龙，水中的鱼龙外，翼龙和鸟类也相继出现了。这样，脊椎动物便首次占据了陆、海、空三大生态领域。侏罗纪的龟类已至繁盛，中国龟、天府龟是其当时的代表。恐龙主宰大地。在超过 5500 万年的时间内，它们发展成为植食性和肉食性恐龙，小的像鸡那么大，大的像座高楼。

恐龙最后的时期为白垩纪（约 1.46 亿 -6500 万年前）。恐龙仍繁盛，并进化出恐龙的最后一支——角龙。但到白垩纪末期，由于环境的突变，所有恐龙，以及鱼龙和翼龙，统统都绝减了。6500 万年前，恐龙从陆地上消失了，海洋和空中的许多其他类型的动物也消失了，包括巨型海生爬行动物和会飞的爬行动物。科学家提出许多种理论来解释恐龙的灭绝。较为流行的结论是：一颗巨大的小行星撞击了墨西哥湾。这次撞击产生的巨大海啸横扫地球，并引发多处大火。烟尘遮天蔽日，使天空变暗，并阻挡阳光，使地球变冷。火山爆发也可能产生同样的结果。许多动物无法适应天气变化。但是，鸟类、哺乳动物、鳄鱼以及许多其他动物幸存下来。

下面进入哺乳动物最繁盛的时代，也就是第三纪（约 6500 年 -180 万年前）。第三纪的重要生物类别是被子植物、哺乳动物、鸟类、真骨鱼类、双壳类、腹足类、有孔虫等。接下来就进入我们的人类时代，我就不在这啰唆了，大家都略知一二。

因此说，多读一些地质类的书籍，还是有很多好处的，至少我们会比较清楚，我们是怎么来的，我们的祖先的祖先是谁。

当今世界我们不能只知道美国、日本，也应该对其他的一些国家有一定的了解。我们目前生存的世界被称为地球村，既然是一个地球村，我们应该就这个村的村民有个大致的了解。不能光知道有四大洋、七大洲，不能只知道欧洲是天堂。至少我们心里要装着一张世界地图或一个地球仪，你没必要掌握地球表面上的每个颜色，但最起码的有一个大致的轮廓。别人一提起基里巴斯，最起码你能想到在南太平洋，提起巴巴多斯，你知道在加勒比海，如果别人问你佛得角、问你卢旺达、问你马拉维，你应该能够说出在非洲的一个大概位置，不一定非常具体，但其周围的国家你应该能说出几个。也许你一辈子都不会到这么远的地方去，但你也应该清楚在这个村子的某一个角落还住着这么一户人家。

我们应当关注这个地球村每天发生的一些大事，不要求你像时事评论员一样说得头头是道，对每件事情都分析得特别深，但最起码你得知道有这么一档子事。我们须知，我们与东南亚国家为什么争吵，美国与俄罗斯对待叙利亚、乌克兰的矛盾所在，为什么土耳其对待 IS 比较暧昧，沙特阿拉伯与伊朗为什么在也门发生争执，索马里为什么一直处在无政府状态，希腊危机的根源在哪里。作为世界的一分子，我们有义务对上述事件有一个大致的了解。

我对我的学生说，作为社会的一分子，我们不应活的稀里糊涂，应该活得稍微明白些，做一个文明人总比啥也不知道强，这对我们在思考一些问题、处理一些问题时都会有帮助。

怎样保持我的舍友之情

　　一天，我的学生问我，宿舍里培养的友情是不是都特别的铁。我的学生目前不住校，但读大学以后就要面临着与其他几个人合住一间宿舍的情况。可能是他看了很多关于舍友之情的电影，或者是听了许多赞美舍友之情的歌曲，因此对于一个宿舍里面的友情感动不已、深信不疑。我该如何向我的学生讲述一些宿舍里的情况呢，确实有很多人从宿舍走出来以后，成了一辈子的好兄弟、好姐妹，但也有一些从宿舍里走出来以后，从此形同陌路，再也没有往来，甚至还没走出宿舍呢，就已经水火不容。作为一个过来人，我想我应该向我的学生讲一下如何处理舍友之间发生的矛盾，可以让他少走一些弯路。

　　这次直奔主题，就是讲如何处理舍友之间的矛盾。在讲之前，先讲一下学生的性格来做铺垫。无论是中学生，还是大学生，作为学生时代的人都比较单纯、率真，都非常理性、善于思考，且心地都比较善良，有上进心（就是追求自我完美的人）。这与我们所处的环境有关，接受了正确的价值观指导，人与人之间几乎没有利益冲突，出现问题老师随时帮助解决。因此这样一个群体，是最积极向上、阳光健康的一个群体。就是说这样一个群体里的人，是绝对不会刻意制造矛盾，绝对不会刻意找碴儿，而是十分愿意成为大家心目中的优秀者、敬仰者，完美得让人侧目。但话又说回来了，每一个人都是一个独立的个体，每个人的生活方式、思维方式、爱好方式都不尽相同，而且这所有的不同方式放到一个狭小的、共同的、长期的生活空间，各种不满的情绪就会涌向大

家的脑间，久而久之当无法化解这些不同的方式时，矛盾就爆发了。

以前的那些美好的愿望，想成为大家心目中的优秀者、敬仰者的心情早已荡然无存，而仅存的就是怎样让自己心中的不快尽快消除。于是冷嘲热讽、指桑骂槐，说话阴阳怪气，甚至冷战成了宿舍里的主要交流方式。宿舍里再也不是你想待的地方，你甚至从一早出门，直到很晚不得不回宿舍睡觉时才回去，这已经不是一个温暖的家，这是一个让你讨厌、让你排斥，但又不得不硬着头皮进去的地方。为了更形象地说明舍友之间造成的隔阂，还是讲一些例子吧。

记得我上大学的时候，另一个专业的一个女生与宿舍里其他三个女生关系搞得跟仇人似的。不仅她们班里的人都知道这件事，在我们整个学院都传得沸沸扬扬。这个女生一次次找辅导员给她调宿舍，而且其他三个女生也找辅导员把她调离宿舍。最终也没调成，原因竟是都知道她们宿舍个个都不是省油的灯，既没有人愿意去她们宿舍，也没有其他宿舍接纳这位女生，最终别别扭扭地在一起度过了大学四年。说实话，我到现在也不清楚她们闹矛盾的原因，就知道四个女生都是学霸，而且长得还可以，每学期的最高奖学金几乎都被她们包了。现在想想另外三个女生合起伙来一致对付这个女生，也不一定就是这个女生的错，或许这个女生对她们三个人一个共同的生活方式不满，而招来其他三个人的一致对外，最后弄得疙瘩越拧越紧，再也解不开了。可能就是一个小事情把她们的关系搞成这样，而都不愿意低头服输造成了难以收拾的局面。但当时，我们这些局外人可不这么想，都认为三个人对她有意见，肯定是这个女生的问题。因此大家都不爱和这位女生说话，一提起来，就感觉这个女生是个另类，不好相处，最好不要招惹，以免自己摊上什么事。这就是我所了解的一个比较典型的宿舍矛盾的例子，不管什么原因，但我想总归是一些鸡毛蒜皮的小事，就因为没处理好，造成了整个大学期间都闹心。

还有一个例子是我们班的俩女生与另外一个班里的俩女生的矛盾。由于当时受专业限制，女生比较少，所以女生宿舍里不同的班级、不同专业共用一个宿舍很正常。也不知道是因为由于班级的不同自动划分为两大阵营，还是咋回事，我们班俩女生与宿舍里的另一个班的俩女生关系非常陌生。也只能用陌生来形容，因为她们并不吵架，也不背地里相互攻击，更没有找过辅导员调过宿舍，但就是陌生，陌生到在大路上见了面可能连个招呼都懒得打。因为我们班级小，所以有时候就问她们这到底是怎么回事，她们轻描淡写地说，就是彼此看不惯对方的生活方式。既然看不惯，又没有权利去改变别人的生活方式，那就少接触，不介入别人的生活，少接触，少些心烦，现在回头看看，都是一个省的，能够有多大的生活差异，这种差异真的只能用水火不相容来对付吗？这样的冷战，不接触，真的符合自己的生活方式吗？

说了两个女生宿舍闹矛盾的例子，最后再讲一个男生宿舍的闹矛盾的例子吧，尽管男生宿舍闹矛盾的比较少，但也不是绝对没有。我有一个同学，老感觉自己与宿舍其他五人格格不入，这种感觉刚入学的时候就有，他看不惯其他人，自然其他人也看不惯他。他也尝试着去改变这一尴尬的局面，可是收效甚微。慢慢地他就变成了一个不合群的人，他很少回宿舍，即便是忘了拿东西，他也不愿意再回去一趟，只有在不得不睡觉的时候才回去。回去以后，如果都上床了，他就独自洗洗涮涮，也不与其他人交流，就上床了。如果大家还没上床，他就淡淡地打个招呼，然后就去为睡觉做准备。熄灯以后是他最痛苦的时刻，他从不参与他们的任何话题，他甚至讨厌晚上熄灯后还说话，他认为他们剥夺了他休息的时间。时间在度日如年中度过了半个学期，他实在是忍无可忍，最后决定在校外租房子住。他实在受不了这种环境，搬出去以后，他心里面变得轻松了好多，说实话他非常享受一个人的住宿环境。可他自己也明白，不能与宿舍里的人关系搞得太糟，因此他计划每隔一段时间回宿舍住一次，他认为距离可以使他们的关系不再那么陌生，时间可以化解他们心底的矛盾，最终大家相互变成自己人。可是又让他失望了，他发现回去以后，还是老样子，还是那样的关系，还是那样的生活方式。于是再试了多次回去住的尝试之后，他放弃了，他不再尝试为改善与宿舍其他人的关系而努力了。就这样大学四年里，几乎都是一个人在外面租房子住，心里虽然过得挺舒服，可他自己老感觉空落落的，好像丢了什么一样。

宿舍里产生的矛盾都是由一些小事引起的，甚至可以说都是一些吃饱了撑的没事干造成的。但是一旦矛盾形成，而又不想着化解，甚至找不到方法化解，它将给人带来很大的苦恼，它不仅耽误你的时间，而且还使你的心情非常糟糕，

它让你心里永远装着一个解不开的疙瘩，它使你对处理人际关系丧失信心，让你害怕与其他人合租，且让你失去了难得的一段兄弟之情、姐妹之情。

说实话大家谁也不愿意摊上这样的事，更不愿意遭到上述几种痛苦。我们该怎么办呢，其实方法很简单，让自己变得大度点、宽容点、真诚点，能多包容一下别人，能多尊重一下别人，能够放下身段与别人沟通一下，这样就能够使自己的生活变得更舒适，同时也让别人的生活更舒适。具体该怎么做，我举几个简单的例子说明一下。

大家从五湖四海刚走到一起时，感觉特别新鲜，从未谋面的人被分到同一个宿舍，这是一种缘分。虽然我们连说话口音都不太相同，可我们有一个共同的心愿，一定要和大家处好关系。愿望很美好，但具体做起来，就要好好地动动脑子了。比如刚开学晚上一到熄灯的时候，就有人开始打电话，可能打给高中同学，可能打给恋人。当然无论打给谁，在一个夜深人静的夜晚，对于其他人来说都是噪音，让人特别厌烦。因此对于打电话这种事情，我们既然知道是一种特别令人厌烦的行为，那么我们自己千万不要做。即使真的有事要打电话，赶紧说几句就挂掉，要是一会半会儿说不清楚，就到宿舍外面打，总之我们要做到不影响别人。面对宿舍里其他人熄灯以后打电话影响大家休息，我们该怎么办呢。目前的做法无外乎有两种，一种是大家默不作声，干生闷气，然后第二天进行讨论，对其进行抨击，但谁都不挑明，结果是他依然晚上打电话，而大家继续生闷气。另一种呢，有人看不惯，非常生气，然后在他打电话的时候，直截了当地告诉他不要打了，影响其他人休息，这种方式最容易激化矛盾，让打电话的人感觉非常没有面子，他可能不打了，但心里面很怨恨，认为你伤害了他的自尊，也可能会激怒他，他继续打电话，这样一来两个人可能就会打起来，造成的局面更加难堪。这两种处理方式都非常消极。

遇到这种事情怎么办呢？首先要观察，看看他是否经常熄灯以后打电话呢，还是偶尔有这样的情况出现。如果是偶尔，那就无所谓了，谁还没个意外情况。如果发现这是个经常性的毛病，你可以咳嗽几声，聪明的人是会明白的，如果他不够聪明，你们白天在一块聊天的时候，你可以假装无意地说自己睡眠质量不好，一有点风吹草动，自己就睡不着，一旦晚上睡得很晚，第二天不但精神不好，还经常性地头痛。我想这个时候，足够聪明的人一听就明白了。如果他还不够聪明，你可以在一个适当的场合，比如说一起逛街或聚餐时告诉他，干嘛这么晚跟人家打电话啊，你不怕人家睡着了，影响别人休息啊。或者很诚挚地告诉他，兄弟以后别这么晚打电话了，我睡不着，看在舍友的份上，请帮帮忙，多担待担待。如果有一定自知之明的人听到这话，肯定会不好意思。如果办法真是用尽了，还不管用，你就找辅导员，让辅导员讲一讲晚上打电话的不好行为，不直接点他，以防他太难看，但因为他是造成这种不好行为的人之一，又给他敲响了警钟，我想他应该会有所收敛。

想和宿舍里的人相处得很融洽，最好的方法就是要融入这个集体。而融入这个集体的第一步，就是晚上上床以后加入大家的讨论，只有当大家无话不谈的时候，关系才会更近，这样之间才不会有什么隔阂，以后有什么事的时候，才容易说开。一旦你拒绝晚上交流，或者说你感觉插不上话，只愿做一个听众，这都会让你渐渐地变成其他人眼中的另类。时间长了你就会感觉与其他人有很多放不开的地方，慢慢地你就会疏远这个集体。因此，晚上的聊天时间，你一定要让自己参与进去，并喜欢上这个活动。这样大家多一份交流，也就多一份感情，大家的关系也会越处越好。其实这也是培养个人人际关系的一个重要方面，锻炼大家与他人交流的能力。

当然了有的人一交流起来，就显得特别兴奋，就收不住，聊起来没完没了，而大家还要休息，明天还要早起有其他的事情要做。怎么办呢，这个时候你就要做一个收的住的人，你可以把话题接过来说几句，然后说，好了兄弟们，大家睡觉休息，咱们明天接着聊。最好不要在别人说话的时候说这种话，会让人认为他的话题你不感兴趣，伤了他的自尊，让他不舒服。因此在自己说话的时候，你自动结束谈话节目，这样即便有人可能没说尽兴，但他也只会留下些遗憾而已，并没有埋下矛盾的种子，大家还为你的明事理而赞赏。

大家生活在同一个环境中，肯定要对一些琐事共同面对，比如宿舍的卫生值日安排，打开水、买桶装水等。

首先为了让宿舍拥有一个整洁舒适的环境，而不是邋里邋遢像个猪窝似的，半年没拖过地，到处都是垃圾，整个宿舍弥漫着一股怪味。我们要一起共同制

定值日表，对于我们个人来说，我们要以身作则，轮到我们值日时，我们要十分认真地打扫该打扫的每一处地方，给宿舍其他人做一个榜样。如果某一天，某个成员或是忘了，或是懒得打扫，我们先不要责怪他，偶尔一天不打扫也不会出现什么问题，第二天我们打扫得更仔细一点就是了。每个人都不是傻子，看着别人在做什么，他应该知道做了什么或没做什么。说不定别人打扫的时候，他会主动帮忙，或者下次该打扫的时候，他会更加卖力。但如果其他人发现，他就是故意不打扫的，大家也没必要故意惯着他，不要很生硬地提醒他，为这事伤了和气不值当。如果是我今天打扫，他明天打扫，你就可以在打扫完的时候说一句，大家都注意卫生啊，别弄得太脏了，明天该谁谁打扫了，你们让人家省点力气，如果今天该他打扫，明天该你打扫，你就可以对他说，时间过得真快啊，今天你打扫卫生，明天又该我了。我想话都说到这个份上，脸皮再厚的人也不会再装无知了。

另外打开水、买桶装水等，都可以用类似的方法解决。多打一次开水也累不着，多买一次桶装水也花不了几个钱，也许他是忘了，还可能想占点小便宜，我们可以善意地提醒他，但千万不要因这样的事闹矛盾，我们自己多干一些又能怎样，又不会累死。如果大家都抱着这样的心态，都彼此谦让，都希望为这个宿舍多做点什么，这将是多么温馨的一个集体。千万不要弄成一个和尚挑水吃，两个和尚抬水吃，三个和尚没水吃，于是斤斤计较，那么宿舍必定是一个猪窝，一个谁也不愿意待的冰冷世界。

另外当我们的舍友不开心的时候，我们千万不要装着不知道，也不要简单地问候几句，而是要真正地当成自家兄弟，怀着一颗真诚的心去劝解、去安慰。当一个人与其他同学闹矛盾了，或者是失恋了，也或许是挂科了，这个时候的人其实非常想找一个安慰、想找一个人倾诉，而不是一回到宿舍，看到大家各忙各的，谁也没时间，谁也不愿意管你的破事。这个时候，我们应该主动去与这个人沟通这个不太幸福的事，真诚地开导他，让他真正感受到大家的温暖，当一个人最需要帮助的时候，我们给予的帮助才是最温暖的，也只有当一个人感到最温暖的时候，他才会怀着一颗感恩的心去帮助最需要温暖的人。

再亲的人、再熟悉的人，比如我们的父母、兄弟姐妹，我们都会发生争执，何况来自于四面八方、性格迥异的大家呢。我们即使很小心地处理着我们的舍友关系，四年时间，想要没有一句争吵，没有一点矛盾，那是绝对不可能的。当不可避免的矛盾发生了，我们该怎么做，大部分人选择：天意如此，随他去吧，放任矛盾的发酵。当冷战到一定时候，可能你们又说话了，但你们之间已经产生了间隙，再也不会变得像以前那样亲密了。因此一旦出现矛盾，我们要立马解决。说白了学生之间的矛盾都是一些吃饱了撑的没事干的矛盾，非常好解决。这个时候，我们要争先恐后地做一个宽容、大度的人，可能今晚发生的矛盾，明天一起床，我们都把它忘了，该喊你起床的喊你起床，该一起吃早饭的一起吃早饭，该一块自习的一块自习。谁大度、谁心胸宽阔，谁就先向另一方打招呼。本来就不是什么大事，你稍微一招呼，他就借坡下驴，如此一来，你们大家也找到了解决矛盾的方法，害怕什么。因此当矛盾出现的时候，千万不要谁也不服谁，都绷得跟大爷似的，整天嚷嚷着，凭什么我先跟他说话啊，我又不欠他的，他为什么不先跟我说话。有这种想法的人，心胸其实不大，不要以为别人先跟你说话，你就找到自尊了，别人就输了，那是别人让着你呢。其实真正输的是你自己，别人有大度的胸怀你没有，久而久之，周围的人就能看出，谁才是真正受欢迎的人，谁才是真正受尊敬者。因此我说，有时候我们的目光不能太肤浅，千万不要因小失大，这对我们成长不利。

同在一个屋檐下，我们就应该学会分享，学会分享无论是好的东西，还是坏的东西。共享的东西越多，我们交流的东西也就越多。当你拿了奖学金，当你兼职拿了工资，抽个时间，找个小餐馆，点上几个菜，要上几瓶啤酒，叫上宿舍哥几个，大家聊一聊、叙一叙。或者自己碰到了什么事，让自己非常地不开心，也不要掖着、藏着，说出来，让兄弟们给出出主意，可能就能想出解决问题的办法，即便是解决不了，说出来也是好的。

交流是一种沟通的良剂，只有沟通、只有交流，我们才会彼此熟悉对方，只有沟通我们才能更好地认识自己。想要在一个屋檐下快快乐乐地度过四年，我们应该多找一些时间交流，多创造一些机会沟通。下面我再讲几个创造交流、沟通的例子。

当一个舍友需要买衣服时，我们大家如果没有事的话，可以跟他一起去，

帮他挑挑，给他选选，既帮助了别人，大家也算在一起度过了一个美好的交流机会，让我们所有的人都体会到一种团结的温暖。

临近考试，我们大家最好一块上自习，一起迎战考试，保证做到全宿舍不挂科，争取每个人都拿奖学金。一块上自习，有学习的氛围，大家都在学习，不会觉得枯燥。其实每个人都希望和别人一块学习，因为这样感觉会很轻松。因此上自习的时候，你叫他一声，他会感激的，做一个大家的黏合剂，每个人都会感觉到集体的力量。

当我们的舍友的亲人或者是朋友、恋人来我们学校找他时，作为主人，我们其他人应为远道而来的客人摆上一桌，不用太铺张，食堂或者宿舍，要不就是学校旁边的小餐馆，主要是让舍友的客人体会到我们的热情，也让我们的舍友感到很有面子，人缘不错，这样可以增加大家对集体的温暖感，也让前来探亲的家人、朋友感到很放心，自己的亲人在有这么一群好朋友的地方上学，多好呀。

在学校读书的时候，我们真应该一个宿舍集体到外面走走，可以到市区、公园逛逛，可以去商场看看，去这个城市有名的景点拍几张照留念。如果经济条件允许的话，还可以专门去外地某个风景名胜区游览一下。既增长了见识，愉悦了身心，又能增加大家的相处时间，有更多的交流时间，使彼此的心挨得更近。

隔一段时间聚一次餐是很有必要的，在饭桌上几杯啤酒下肚，很多问题我们都可以谈。以前那些说不出口的话，我们能够讲出，并且能够十分大胆地阐述我们的意见。可以说这个场合是化解小矛盾、小疙瘩的绝佳场所，只有大家敞开心扉，我们才能知道大家想些什么，我们才能了解彼此的想法，只有这样，我们才能了解在以后的共同生活中，应该注意些什么。

多和舍友沟通，相处的时间尽量多一些，让彼此都成为生命中比较重要的人，我想我们的大学生活将是很多彩的，毕业以后的日子里，舍友之情也将是我们十分怀念的东西。

毕业以后，我们各奔东西。我们工作，我们结婚，各方面的压力确实使我们没有了大学时候的单纯。与舍友打电话的时间越来越少，见面的机会更是少了，久而久之，舍友的音容笑貌在我们的脑海里越来越模糊。该怎么办呢，我要说的是，平时没事的时候打个电话吧，过年过节的时候彼此问候一下吧。不要找忙忙忙、紧紧紧的各种理由，我们稍微勤快一些，我们稍微主动一下，不要没事的时候，老是盯着手机打些无聊的游戏，看些没品位的段子。给自己一个寻找亲情的机会，拨通舍友的电话，听一听那来自远方熟悉的声音，看是否还能唤起对大学美好的回忆，看是否还能勾起埋在心底的那一份单纯。大学里面培养起来的舍友情谊是非常可贵的，它没有利益瓜葛。没有阴谋，没有算计，它一尘不染，单纯得让你掉眼泪。抓住他，千万不要失去他，这可能是你一生中最难得的友情。

为了使我们的大学生活过的还算可以，为了让我们可以不必为不必要的事操碎心，为了使我们舒舒服服地度过整个大学生涯。让我们大度一些、宽容一些，让我们认真地对待我们的舍友，我们学着化解矛盾，我们学着凝聚友情。多年以后，你的脑海中永远多着一份感动。因此我告诫我的学生，宿舍里的友情可是一门学问，处不好，将会使你非常难受，要相处好也简单，按照我说的做就是了。

责任心将极大增强你做事的完美程度

今天我到我学生家的时候，发现他正在无精打采地叠着千纸鹤，桌上凌乱地堆着一些剪好的纸和几十只被叠的很丑的千纸鹤。我好奇地问他这是要干什么，他说是同学让他帮忙叠的。原来后天他同学的母亲过生日，他同学为了表达对母亲的美好祝愿，打算送给他母亲几百只千纸鹤，可是生日时间快到了，自己无法在生日那天叠完了，因此让他的好朋友，也就是我的学生帮忙叠。我的学生也不好拒绝，于是打算帮他叠一百只。刚叠的时候，没感觉什么，可是越叠越感觉慢，因此就加快了叠的速度，好赶快结束这苦差事。我看了他一眼，又看了那些歪歪扭扭的千纸鹤。我问他，你感觉你同学或者是你同学的妈妈会喜欢这些千纸鹤吗？看到这些千纸鹤，是该惊喜呢，还是闹心呢。可能人家不会说什么，并且还感谢你，可是你的同学会怎么想，他会不会认为他把这么一份信任交给了他的好朋友，而他的好朋友却如此糊弄他。

如果你的同学是大马哈，没有考虑这么多，而把这一份生日礼物在妈妈生日的时候献给她。当这位妈妈看到这么一份不上心的礼物时，该有多寒心。我学生看我说得如此严重，心虚地问我，不至于这么严重吧。这千纸鹤不挺好的吗？好吗？我反问他，他也不吭声了，但从他的表情可以看出，他并不相信我说的话，认为没什么了不起的，不就一千纸鹤吗。我对他说，你可以换位思考一下，假如你妈妈过生日，你让你的同学来帮忙，结果忙乎一晚上，你同学就交给你这么一个东西，你心里会怎样想，你会不会有种被敷衍的感觉，从此以后，会不会对这位同学有看法，这件事会不会对你们的友谊造成影响。你给别人帮忙，最后却因为你的帮忙，使你们的友谊打了折，多亏啊。

我能看出来，我的学生在思考，我想我也很有必要给他讲讲做事情的责任心问题。因为想要把一件事情做好，最起码要责任心强。负责任肯定不是一个好过的过程，你得有耐心，你得有脑子，甚至还要有一些创新的意识，总之负责任地干好一件事，肯定是一个费心费力的过程，过程虽然不好受，但如果每件事情都费时费心地去做，将会极大地增强你的责任感。将来以后，无论是给自己做事，还是给别人做事，你都会把每件事情做得很完美。你的做事风格将会得到周围人的极大认可，对你的个人发展百利而无一害。这将是你个人素养里面，最值得肯定的一面。因此我说，为了培养你这方面的良好的素质，也使你将来做事被高度地认可，请你现在对要做的每件事情，都必须认认真真、尽心尽责，为了使你更加彻底地领悟我说的话，我给你举几个例子。

先举一个很简单的例子，我们学生时代是放学后轮流打扫教室的。这是每个学生的分内之事，可是有的学生认为这对自己没有任何好处，就是一项苦差事。所以每次打扫卫生，都是稀里糊涂地扫几把，然后再漫不经心地拖几把，工具一丢，也不管那些横七竖八的桌椅，就大吐一口气，飞奔向家门。何必呢，你都留下来打扫卫生了，晚回去几分钟又能怎样，你已经拿起了扫帚，拿起了拖把，你认认真真地打扫一遍又能怎样。就因为你少了一份责任心，就因为你想要那可有可无的几分钟休息时间，你纵容自己变成一个没有耐心的人，心里浮躁、毫无追求完美之心的人，你让自己在老师和同学们眼中成为一个不负责任、不可信任、不可托付之人。也许你会说，我才不在乎这些呢，我不拘小节，干大事的时候，你看我有没有责任心，能不能干好。

在这里我可以很明确地告诉你，你干不好。一个人的责任心是慢慢养成的，是经过无数的小事情培养的，养成很强的责任心；在你干大事的时候，你才有恒心、有动力去做好，你已经养成了一个不追求完美的习惯，真的当你遇见所谓的大事的时候，各种苦难、各种挫折也会让你那一点点责任心，消失得无影无踪。

再说一件小事情，作为学生，无论你是小学生，还是中学生，还是大学生，老师布置作业是在所难免的，这也就是说，你只要是学生，做作业是免不了的。这个项目已经跟我们十几年了，但这么多年过去了，不同的人对待作业的态度却截然不同。有的同学认真，作业干干净净，而有的同学作业一塌糊涂，作业本子皱皱巴巴，要不脏兮兮的，而里面的内容更是龙飞凤舞，让人看了就想扔掉。

而我要说的就是这类做作业十分不认真的同学。我们都听过一个词，叫作熟能生巧，意思大家都知道，就是你熟练了，你也就掌握住了它的技巧。可是怎样才能熟练呢，那不就是反反复复做你做过的或是已经会了的东西吗？不要以为老师布置的是你已经懂了、会了的东西，做这些东西耽误你学其他东西的时间。每一次的作业，都是巩固你所学知识的过程，这个东西每个人都会，但掌握的程度不一样，有人已经熟能生巧了，而有的人一拿过来还能错几道。为什么，这是因为你做作业的时候没上心，只走形式，手在动，而心早不知哪儿去了。既耽误了你的时间，而老师所希望的进一步加深你所学的知识的愿望也完全落了空。

咱们都知道，无论是小考，还是大考，大部分都是一些较为普通、难度不是很大的题，可你总是在一些简单的题上栽跟头。看着被批过的试卷，你总会惋惜几声，错的都是些简单题，同时又很不以为然地说，我要不是粗心，我的分数肯定会超过第一名，言外之意就是我的真实实力应该是第一名，同时内心也把自己定位在第一名，因为那几道简单的题就是送分的题，即便我没得分，那也应该算我的分了，于是内心充满了一种莫名其妙的自足感。我在这儿奉劝你，赶紧甩掉这种自我安慰的心理吧，试想一下，考大学时，如果你错了几道你认为不应该错的题，有谁会认为你会做，即便承认你会做，又起什么作用，你照样不能得分，这种不该做错和那种本来就不会，造成的后果又有什么不同？

因此我奉劝大家，在做老师布置的每一道题、每一张试卷时，一定要认认真真、负责任地去完成，把每一道题都当作一道考题，把每一张试卷都当成一张考试试卷。当考试的时候，出现一道本不应该错的题，一定要给自己深刻的教训，应该认为那是由于自己不熟练造成的后果，而不是有什么马虎、粗心造成的。把自己培养成一个做事谨慎、思虑周密的人，你就不会有什么遗憾。

再说一个外在形象的事，这也和责任心有着很大的关系。我们要对自己的外在形象负责，可能有人要对我的这种说法很不以为然，还反问我，你是让我们做一个爱穿名牌、只爱打扮的学生吗？我当然不是这个意思，我的意思是要你养成一个良好的生活习惯。衣服、鞋子新不新不要紧，名牌不名牌更不要紧，关键一定要整洁。衣服要及时换洗，鞋子出门的时候记得拿刷子稍微刷刷，头发梳整齐。

说实话，一个人的外在形象真的很重要，重要到只有你上了大学或是在参加工作以后，才会有深深的体会。但是个人的良好的穿衣习惯，是非常难以养成的，必须是坚持很长时间才能养成，和一个人戒烟的程度差不多。当一个人邋里邋遢惯了，忽然有一天发现外在形象很重要，这个时候他再去改就非常困难了，他可能只坚持了几天，又回到了原来的形象。为什么，因为坏习惯很难改，好习惯也不是一会儿半会儿养成的。其实无论我们的外在形象怎样，毫不讳言，我们都从内心喜欢一个外在形象良好的人。想一想，连一个初次碰面的陌生人都喜欢注重外表的人，那跟我们长期在一块学习、工作的老师、同学、同事、领导呢，他们也肯定喜欢干净整洁的人。你应该清楚给别人留下一个好印象有多么的困难，你也应该清楚给别人一个好印象，将会为我们带来什么。

别以为衣服谁都会穿，别以为每个人都会收拾自己。一个长期干干净净、整整洁洁的人，那是他多年练就的习惯。你不下定决心，你没有那个为自己外形负责任的心，你还真就成不了这样的人。如果你还不是这样的人，为了你的前程开始做吧，把自己不穿的衣服叠整齐，用心给自己搭配一身出门的衣服，要穿得整整齐齐。脏了及时洗，鞋子每天出门的时候都要擦拭一遍，头要经常洗，胡子每天刮，走路要稳住，但也不要太磨叽，坐有个坐样，站有个站样。尤其是说话、吃饭一定要让自己成为一个绅士，不慌不忙，不惊不乍。刚开始做这些的时候很难，但当养成习惯了，你也就习惯了，到时候这种形象想改都难了。

再说一说参加工作后对待工作的态度。有的人可能不喜欢自己所从事的工作，或许你真的不喜欢，或许你换份工作，将使你的生命力焕发。但我要说的是，无论你是多么不喜欢你的工作，但你在辞职之前，你都要尽职尽责，认认真真，负责任地完成你的每一项工作，千万不要敷衍。为什么这么说，这主要是让你养成一个做事负责、做事力求完美的好习惯。因为你即便后来找到一份喜欢的工作，难道在你从事这项工作的时候，你就喜欢的它的每一个环节，你就不会遇到一点困难吗？当然不是，无论做什么都不会一帆风顺，但如果你在逆境中培养出了一种吃苦、敢于克服困难的负责任的心态，那么在你解决困难时，你就不会退缩，你就不会逃避，你就会充满了战斗力，充满了解决困难的欲望，而这种欲望、这种战力，是在你平时一点点养成的，是你做每件事情后所积累的精华。所以说，无论你从事什么样的事业，面对多么大多么小的利益，你都要抱着一个负责任的心态，力求完美地把这件事做好。

目前在工作过程中，还存在这样一种人，对待所分配的任务很是积极，每次都在原定的时间内完成。这种情况，一般都让人赞美，说什么工作效率如此高啊，说什么勤奋之类的话，但如果真是保质保量的话，也无可厚非，但如果做出的东西很是一般，没有什么亮点，只能糊弄交差而已，如果是这样，这就是一种极不负责任的工作状态。为了工作而工作，非常被动地完成某一件事情，而从内心来说，根本没有想把它做好的意愿，只是想赶紧做完，赶紧交差，赶紧让自己从痛苦中解脱出来。

这种工作态度非常不值得肯定。首先你完成了工作，还能糊弄交差，这说明了你能胜任这项工作，但是在这么短的时间内完成这项工作谁知道呢。领导不知道，因为你要在交任务那天，把工作完成情况汇报给领导，领导一看，忙活了这么几天，就忙出来这么个东西，没有任何新意，也给领导制造不了什么惊喜。就算你让领导知道了，这是你在很短的时间内完成的任务，我想到时候，领导更生气：我给你了这么长时间，就是要让你好好做，用心做，你花了那么一点时间给我糊弄完了，你想干啥？总之无论哪样，你都不会得到领导的赏识。因此我奉劝大家，如果一项工作时间充裕，大家千万不要赶时间，要充分地利用这一段时间，把工作做到至善至美，把它做成自己的一个完美的作品，领导喜欢，自己也没辜负自己的时间，还让自己成了追求完美，做事负责的高素养的人。

我把我学生叠的千纸鹤拆开，对他说不着急，我们把它当成游戏冲关，我帮你一起冲，我们一定做一份尽心尽责的礼物，让你的同学感到你这个朋友没白交，让你同学的妈妈感到她有这么一个贴心的儿子。

我奉劝我的学生，以后不论做什么事，一定要对得起自己所付出的时间、所付出的青春。心不在焉地完成一项工作，你以为你劳动了，你以为你付出了，恰恰相反，你浪费了你的时间，你用你的时间做了一件毫无意义的事情。没人会为你的劳动鼓掌，你唯一的收获就是大家认为你没有能力胜任这项工作，而你也将失去继续工作的机会。因此从现在开始，下定决心，慢慢地改掉那颗不值得托付的心，让自己成长起来。

异想天开可增添生活动力

　　我正在认真地讲题，而我学生的思绪不知跑哪儿去了。我拍了他一下，问他寻思什么呢，这么入神。他不好意思地笑了笑，说他在做梦呢，梦想着有一天，中国真正出现一位杰出的巨人，把钓鱼岛从小日本手中收回来，我在臆想这位还未出世的巨人呢。我本来想批评他，可转念又一想，其实人有的时候，真应该异想天开地想一些除了生活、工作的事，把自己的思维打开，给自己来点不一样的考虑。

　　一些异想天开的想法，有助于发展我们的思维，使我们的脑筋更灵光，会有一些出其不意的创造。当一件事情无法实现它，我们很郁闷，我们完全可以用无厘头的意识来满足我们自己一把。我就经常胡思乱想。

　　我喜欢唱歌，没事就瞎哼哼，但我有自知之明，我知道自己的嗓音。但是当我一个人没事的时候，总会幻想某一天我因唱歌出名了，红的不行了，到处开演唱会，到处演出，商演不断，我的经纪人为我打点一切，到哪儿都有粉丝围追堵截，到哪儿都有一大群保镖护着，大摇大摆地戴着墨镜，时刻成为焦点，更重要的是再也不用为钱发愁了，想怎么花就怎么花。哇，太美了，太爽了。臆想完这些以后，我整个人都精神抖擞。接下来的一段时间，我非常有精神，干什么都充满了力量。

　　我想说的是，胡思乱想归胡思乱想，但你一定要跳出来，能够理性地回归现实。异想天开只是你生活的调味剂，甚至有时候成为你生活的一种动力。但如果你跳进里面出不来，或者一回归现实，感觉落差太大，而倍感失落，甚至丧失生活的勇气。这我可就要劝劝你，有事没事可千万别异想天开，因为你不是一个乐观主义者。

异想天开的例子还有很多。既然是异想天开，那就让我多胡思乱想一会儿吧。有时候我会不由自主地想到香港社会的乱象，部分香港人的嚣张，明明流淌着中国人的血液，却不承认自己是中国人，整天闹着要独立，简直岂有此理。明明生活在中国人的土地上，睁着眼说瞎话，不承认香港是中国的一部分。这些人和疆独、藏独的分裂势力有什么两样？为什么同样是分裂势力、社会矛盾的制造者，而中央政府对他们加以放任。难道就因为一部基本法吗？中国的任何一寸土地都是神圣不可侵犯的。香港作为一个省级单位，同样有维护国家安全、主权完整的义务，而香港再怎么特殊，国家关于维护国家主权、安全的法律适用于中国的每一寸土地，无须哪个地方政府授权通过。

香港被惯坏了，刚回归的时候，中央政府老感觉是国家出卖了香港，给予其各种的优惠政策，把它抬到准国家或者国中之国的地位，而西方国家的殖民地都没有这么大的权力。国家这么做无非是让香港继续保持国际金融中心的地位，而部分香港人得寸进尺，恣意妄为，胆大包天，简直不知道自己的祖先是谁，自己姓什么了。嘘国歌、踩国旗，简直到了无法无天的地步。如果说以前中国大陆还需要香港作为中国与世界交流的桥梁，中国的改革开放还需要香港作为桥头堡，通过它引进所需要的东西。而如今，香港这方面的作用已经很淡了，上海、深圳已经完全可以独当一面，完全可以替代香港在中国深化改革的作用了。既然作用已不大，又如此地不知收敛，甚至已经威胁到了国家的主权、安全，深刻地制造了陆港人民的矛盾，损害了香港对国家、对民族的认同。

既然都说了香港拥有的所有权利都是中央授权的，都是全国人大授予的，那就收回来吧，让香港人和大陆人平等起来吧。取消香港特别行政区，设立香港直辖市，和其他的省级单位地位一样，让香港人不再看大陆人时，总是用俯视的眼神，回归到一个正常的中国人，省得在国际体育比赛时，中国人打中国人，让香港人不知所措，不知道该为谁喊加油，不知道是希望中国人败呢，还是中国人胜。

作为一个中国人，有时候还真会为国家的事情费些脑筋。当一个人需要清静一下的时候，走在乡村间的小路，看着周围的村庄和田野，我的思绪乱飞。一下子飞到关于台湾和藏南问题上，虽然国家解决这些问题的方针，我不太了解，作为一介布衣我也了解不到，但大脑里面时常会冒出一些想法，也许这些想法很可笑，很幼稚，但想法总归只是想法，也影响不了谁，自娱自乐吧。

最近台湾又要选举新的领导人了，关于独统的问题又是争论的核心。而我感慨的是，台湾何时回归，中国何时能够出现有实权但又真正地为民族大业考虑的人物呢。我们这个时代的人考虑的太多，这个方面的，那个方面的，唯一没有考虑的是真正该考虑的。目前看不到有哪一方势力在做让两岸逐渐统一的举动，而内心越来越感觉两岸在逐渐地分开。

无论如何吧，得有一位说话重要的人，在正式的场合，好好地警告一下那些台独势力，让他们赶紧打消分裂国家的图谋。大陆和台湾没有统一的是政府，但国家领土和主权始终是统一的，没有分裂。中国目前存在两个分治的地区，大陆地区和台湾地区，但分治不等于独立。台湾政府只是一个未受大陆控制的政府，但它管辖的土地是中国的土地，管辖的人民是中国人民。中国大陆政府代表着中国政府，这是一个事实，是得到国际承认的，无论是谁执掌台湾，敢动分裂中国的心思，将是绝不能容忍的。一旦将台湾拉向独立的深渊，大陆政府和大陆军队，将会不惜一切代价，不计一切后果地给予惩罚，到时候对台湾造成的巨大破坏，台独分子要全面负责，台独分子将会受到审判。在中国政府行使国家权力、保卫国家主权和领土时，一些不知好歹的外人及其走狗的武装力量敢踏入台湾领海，也就是中国领海 12 海里以内，将会受到无情地和彻底地歼灭，这些侵略者将会受到中国军队不计后果、不惜一切代价地予以反击，将使侵略者后悔万年。中国的武装力量将有的灭敌之心，即使耶稣来了，也拯救不了你。

对于藏南我只想说，目前藏南的九万平方公里的土地，其中的每一分毫，都与中国其他的土地一样神圣，如果现阶段要不回来，那就留给子孙后代去解决。我也明白，中国目前所处的形势极其复杂，中国急需要一个和平的环境来发展自己、壮大自己，因此暂时收不回来，我们不能抱怨什么，但是如果有人想在历史上留点什么名号，想扩大自己的声誉，而不计条件地给印度签署一项和平划分边界的文件，将我国一部分藏南土地拱手让与别人，将是绝对的汉奸、卖国贼，与李鸿章、慈禧无异。

我的思绪走啊走，我的思绪飞啊飞，一声刺耳的汽车声，把我从梦里拉回来，既然出来了就不要再想，该工作的工作，该生活的生活。

一天加班时，打开网页消遣消遣。正当被长时间的工作折磨得困乏时，忽然看到这么一条新闻，说的是越南有 60 多个省级单位，而越南的国土面积和我们的广西差不多。又看了法国的省级单位，我哩个乖乖，居然有 100 多个省，而法国的国土面积和我们的四川省差不多。旅游胜地泰国也有 80 多个省级单位，我们的邻居俄罗斯有 89 个省级单位，怎么都划分这么多啊。仔细想想，多划分一些省级行政区其实挺好的，好管埋嘛。像我们中国这么大，才三十多个省级行政单位，中国国土又大，人口又多，如果多划分一些省级行政区是不是管理起来更容易些呢，发展的是不是更快一些呢。现在一个省那么大，一个省长哪有那么多的时间能把每一个地方都照顾到。如果多划分几块，每一块都直属中央，每一块都有一个省长来管理，发展的速度应该会更快些。

看一些新中国成立前的老地图，发现中国以前还有什么热河省、察哈尔省、西康省，这些省名现在一些电视剧中都能听到，看来这些消失的省份都有些历史。像中国的西藏、新疆、内蒙古面积太大了，虽说人口少，但位置重要，尤其西藏、新疆那是关乎国家安全的战略要地，这么一大块地方，才是一个省级单位，可真是忙坏了这些地区的首长，压力大到可想而知，还不如在西藏、内蒙古、新疆这些地区，多设计一些省级单位。像新疆，如果把巴州、和田地区、喀什地区、阿克苏地区、阿尔泰地区、伊犁地区、吐鲁番地区全弄成省级行政区，虽然刚开始成立的时候会有些经济成本，但对于维护新疆稳定，集中精力发展新疆地区将会有巨大的帮助。有些时候不能只算经济账，更要算政治账，管的人有足够的精力管，地方自然也就会发展得越来越好。来不及细想了，领导来查岗了，专心工作、努力工作。

前几天，我同事说，他儿子考上大学了，不过不太好，只考上了二本。问他考了多少分，一听分数，我说这不挺好的吗，怎么才是二本。我同事无奈地

说，谁让他是河南考生呢，要是在北京、上海，这分数早就读名牌大学了。是啊，太不公平了，一样的分数有的上了清华，有的却读了郑大。教育不公的现象，什么时候才能减少呢。国家教育资源分配不公，高考招生政策也不公，七八十万考生的地区，清华北大只招几十个人。

作为一个异想天开的人，有时候我也会在梦中为教育部献计献策，在每个省招生时，应该按生源的的比例给这个省下放大学的招生指标，如果按统一的比例在不同的省份招生，这样就会比较公平。要不然是全国高考试卷全部统一，全国所有的考生都做同样的试卷，谁付出的努力多，谁考的分数高，谁就上好的大学，这多公平。不过一会儿我就从这痴人说梦的境界中走了出来，因为这是根本不可能的事，那些既得利益者怎么会心甘情愿地放弃这么多年的特权。

聊完这些后，我对我的学生说，对一些无法实现的想法，有时候臆想一下还挺舒服的，不然的话就会一直郁闷，影响自己的生活质量，但臆想归臆想，想想就可以了，千万别出不来，因为本是不可能实现的事，让自己心里舒服舒服就可以了。

中国历史教科书古代篇的一些偏见

今天在给我学生辅导的时候，忽然在其卧室的一角发现了一本初中历史教科书，是关于古代的。好久没有看过正统的历史教科书了，尤其是初中的历史教科书，有十几年的时间没有碰过了。弹去灰尘，随便翻了一下，不知怎么这么巧，一下子便翻到令我揪心的大宋朝。

毫无疑问，宋朝是中国历史上封建社会经济、文化最鼎盛的时期，同时它还是汉人在中原建立的王朝。因此我国编的各种历史年代表中大部分都把宋朝作为那个时期的正统王朝，很少提到辽、金、西夏、大理这些历史上与宋朝相互独立、相互并存的政权，很多年代表说完五代十国后，接着说宋元明清，好似宋代的那个历史阶段，宋朝是中央政府，而西夏、辽、金、大理都是边疆上的地方政权。

当前一提起那个年代的事，张口就说，噢，你说的宋代的事啊。打开中国历史上那个时代的地图，你就可以发现，两宋时期，宋朝的版图根本不大，根本无法与汉、唐、元、明、清这些朝代相比，这些朝代才是真正意义上的中央政府，宋朝根本算不上。我们多读一点那个时代的历史就知道，两宋时期，不但无法让西夏、辽、金臣服，而且还整天受气，别人不打它已经是万幸了。

虽然两宋时期，经济文化空前发达，但西夏、辽、金也不是单纯的草原文明，这些政权创立了文字、大兴儒学，也涌现出了历史上很著名的文人。再说了，西夏、辽、金、大理所占据的版图，在中国根本不算边疆。辽金版图包括

今天的河北、山西一部分，北京、天津、东北内蒙古全部，这些地方占据了中国目前版图的半壁江山，怎能是边疆政权，更不是地方政权。西夏占据我国甘肃、宁夏、陕西、青海一带，这么大一块地方，也不能算是边疆政权，也谈不上地方政权。而大理国包括今天的云、贵、川等地，经济、文化十分繁荣。也许我国的历史学家从未将西夏、辽、金、大理作为边疆政权或者地方政权对待，把它们看成是和两宋地位平等、并存的政权。翻阅一些我国历史学家的研究文献，确实能发现绝大多数的历史学家并没有故意贬低西夏、辽、金、大理等王朝、而抬高两宋的历史地位，对于一些著名人物的介绍，也冠以辽代什么什么家，金代什么什么家，这非常好，这才是一个真正对待历史的态度。不能因为不是汉人建立的朝代，不能因为其所管辖的地方不是中原，就贬低它们的历史地位，从而忽视它们对中国历史所做出的巨大贡献。目前越来越多的普通人把辽、金等朝代不再看作是边疆少数民族建立的野蛮政权、地方政权，而逐渐认识到是和两宋并列的伟大王朝。因为这些王朝确实伟大，在唐朝灭亡后，中亚、西亚与东欧等地区更是将辽朝（契丹）视为中国的代表。

为了更进一步让大家认识辽、西夏、金、大理、宋这些王朝并存的历史时期，我将简要地介绍一下这几个王朝的历史。为了让大家有一个直观的认识，这些王朝并存的局面，我把这些王朝在历史上的年代先叙述一下。金朝（公元1115年—1234年），辽朝（公元916年—1125年），北宋（公元960年—1127年），南宋（公元1127年—1279年），西夏（公元1058年—1227年），大理（公元937年—1094年，公元1096年—1253年）。从这些王朝出现的历史年代上，基本上可以分为两个阶段，辽、北宋、西夏、大理是并存出现在历史上的，后来金灭了辽、北宋，进入第二个历史阶段，这个阶段并存的王朝为西夏、金、南宋、大理。

先说辽朝。辽朝是中国历史上由契丹族在中国北方地区建立的封建王朝。公元916年，辽太祖耶律阿保机统一契丹各部称汗，国号"契丹"，定都临潢府（今内蒙古赤峰市巴林左旗南波罗城）。公元947年，辽太宗率军南下中原，攻灭五代后晋，改国号为"辽"。983年曾复更名"大契丹"，1066年辽道宗耶律洪基恢复国号"辽"。1125年为金国所灭。

　　辽朝全盛时期疆域东到日本海，西至阿尔泰山，北到额尔古纳河、大兴安岭一带，南到河北省南部的白沟河。契丹族本是游牧民族。辽朝将重心放在民族发展上，为了保持民族性将游牧民族与农业民族分开统治，主张因俗而治，开创出两院制的政治体制。并且创造契丹文字，保存自己的文化。此外，吸收渤海国、五代、北宋、西夏以及西域各国的文化，有效地促进辽朝政治、经济和文化各个方面的发展。辽朝的军事力量与影响力涵盖西域地区，因此在唐朝灭亡后中亚、西亚与东欧等地区更将辽朝（契丹）视为中国的代表称谓。

　　契丹族原臣服于唐朝，被唐朝设立松漠都督府。于晚唐五代时建立契丹国，后独立，并且屡次入侵河北地区。五代后唐末年，辽太宗接受石敬瑭的请求，协助他建立后晋取代后唐，以获得燕云十六州与后晋的臣服。不久又南征中原，灭后晋以建立辽朝。至此辽朝与中原的外交关系首度转为辽朝居上，中原臣服的状态。之后辽朝衰退，后周与北宋为了燕云十六州又相继北伐，双方恢复对峙的局面。辽朝采取防御策略，并且扶持北汉对抗中原的北伐，屡次抵御中原的进攻。直到辽圣宗时，经过充分准备之后，再度发动南征，率辽军直逼北宋的澶州。最后双方订立澶渊之盟，辽朝索得与北宋建立大致上平等的外交关系长达 120 年，这一时期双方加强了经济和贸易往来。辽朝晚期因受女真族建立的金朝入侵，加上朝廷内部分裂与内斗，使辽朝有意与北宋和谈。但是北宋已经与金朝建立了海上之盟而共同伐辽，所以拒绝和谈，最后辽朝亡于金朝。

　　金朝是中国历史上由女真族建立的北方政权。女真原为辽朝臣属，天庆四年（1114 年），金太祖完颜旻统一女真诸部后起兵反辽。于翌年在会宁府（今黑龙江阿城区）建都立国，国号"大金"。 并于 1125 年灭辽朝，两年后再灭北宋。贞元元年（1153 年），海陵王完颜亮迁都中都（今北京）。金世宗、金章宗统治时期，金国政治文化达到巅峰，金章宗在位后期由盛转衰。金宣宗继位后，内部政治腐败、民不聊生，外受大蒙古国南侵，被迫迁都汴京（今河南开封）。1234 年，金国在南宋和蒙古南北夹击下覆亡。

　　金朝自金太祖立国以来，接连不断地对辽朝、宋朝、西夏与高丽发动侵略战争。金太宗时，金朝先后攻灭辽朝与北宋，其疆域东到混同江下游吉里迷、兀的改等族的居住地，直抵日本海；北到蒲与路（今黑龙江克东县）以北三千

多里火鲁火疃谋克（今俄罗斯外兴安岭南博罗达河上游一带），西北到河套地区，与蒙古部、塔塔儿部、汪古部等大漠诸部落为邻；西沿泰州附近界壕与西夏毗邻；南部与南宋以秦岭、淮河为界，西以大散关与宋为界。

金朝疆域可分成三个部分，第一个是原辽朝统治的东北区域与漠南地区，这是金朝的龙兴之地，包括女真各部落的住地，还有契丹、奚、渤海以及五国部、吉里迷、兀的改等各族。第二个是辽上京临潢府以南，直到河北、山西等燕云十六州，这里居民主要是汉族，长期以来受异族统治，而金统治下之汉地亦维持汉官制度。第三种情况是原宋朝领地的淮河、秦岭以北之地，主要居民也是汉族，由于新受异族统治，大多不愿受金廷管制。先后设置张楚与刘齐等傀儡政权统治，最后由金廷以汉法直接管理。

金朝采行五京制，共有中都大兴府、上京会宁府、南京开封府、北京大定府、东京辽阳府和西京大同府，其中后三个陪都就在辽的北京大定府、东京辽阳府和西京大同府。金朝初期全面采用辽朝的南北面官制，同时奉行两套体制，但自熙宗改制以后，就逐步弃用了契丹制，全盘采用女真制。政治体制的一元化，是金朝强大的一个重要原因。

金朝文化的发展已达到很高水平。"大定以后，其文笔雄健，直继北宋诸贤"。在某些方面亦非宋朝可比，启后世文化发展之先声。金朝推行汉化政策，从"借才异代"，走向"国朝文派"，逐渐形成了不同于宋朝的独特气派、风貌，但其剽悍勇猛的崇武精神随着金朝政权的稳固而逐渐消失，最后终至亡国。金朝以儒家为统治人民的基本思想，而道家、佛教与法家亦较广泛流传和应用。金朝思想家讨论批判两宋理学与经义学，让理学再度于北方兴起，发扬中华思想。

西夏是中国历史上由党项人在中国西部建立的一个政权。唐朝中和元年（公元881年），拓跋思恭占据夏州（今陕北地区的横山县），被封定难节度使、夏国公，世代割据相袭。1038年，李元昊建国时便以夏为国号，称"大夏"。又因其在西方，宋人称之为"西夏"。

夏惠宗时宋朝正值王安石变法而国力增强，并在1071年由王韶于熙河之战占领熙河路，对西夏右厢地区造成威胁。西夏与宋朝贸易中断使其经济衰退，战事频繁又大耗国力。1115 年金朝兴起，三国鼎立的局面被破坏，辽朝、北宋先后被灭，西夏经济被金朝掌控。漠北的大蒙古国崛起，六次入侵西夏并拆散金夏同盟，让西夏与金朝自相残杀。西夏内部也多次发生弑君、内乱之事，经济也因战争而趋于崩溃。最后于公元 1227 年亡于蒙古。

公元 1038 年西夏立国时，疆域范围在今宁夏、甘肃西北部、青海东北部、内蒙古以及陕西北部地区。东尽黄河，西至玉门，南接萧关（今宁夏同心南），北控大漠，占地两万余平方公里。西夏东北与辽朝西京道相邻，东面和东南面与宋朝为邻。金朝灭辽宋后，西夏的东北、东和南都与金朝相邻。西夏南部和西部与吐蕃诸部、黄头回鹘与西州回鹘相邻。国内三分之二以上是沙漠地形，水源以黄河与山上雪水形成的地下水为主。首都兴庆府所在的银川平原，西有贺兰山作屏障，东有黄河灌溉，有"天下黄河富宁夏"之称。

西夏的政治制度受宋朝影响很大，官制的设置基本上模仿北宋。西夏政治是番汉联合政治，党项族为主要统治民族，并且联合汉族、吐蕃族、回鹘族共同统治，最终西夏制度由番汉两元政治逐渐变成一元化的汉法制度。西夏文化深受汉族河陇文化及吐蕃、回鹘文化的影响。并且积极吸收汉族文化与其典章制度。发展儒学，弘扬佛学，形成兼具儒家典章制度的佛教王国。然而也是崇尚儒学汉法的帝国，立国前积极汉化。

西夏立国前夕，夏景宗为了创立属于本国的语言，派野利仁荣仿照汉字结构创建西夏文，于公元 1036 年颁行，又称"国书"或"蕃书"，与周围王朝往来表奏、文书，都使用西夏文。文字构成多采用类似汉字六书构造，但笔画比汉字繁多。

金朝崛起后灭辽朝与北宋，西夏为了自保，放弃辽夏同盟，臣服于金朝。金朝包围西夏的东方与南方，掌握西夏的经济，所以夏廷对金朝不敢轻举妄动，最多只有小规模的战事。蒙古崛起后，多次入侵西夏，破坏金夏同盟。夏襄宗与夏神宗采取联蒙攻金的策略，多次与金朝发生战争，然而此为错误的方针。到夏献宗时才联金抗蒙，但不久就在蒙夏战争中于公元 1227 年亡国。

大理国是中国历史上西南一带建立的多民族政权。全国尊崇佛教。公元937 年，后晋通海节度使段思平联合洱海地区贵族高方、董伽罗灭大义宁国，

定都羊苴咩城（今云南大理），国号"大理"，史称"前理"。疆域覆盖今中国云南、云南、四川西南部，以及缅甸、老挝、越南北部部分地区。公元1095年，宰相高升泰篡位，改国号"大中"，翌年薨逝归政段正淳，史称"后理"。公元1253年，大理国被蒙古帝国所灭，原大理国君段兴智被任命为大理世袭总管。

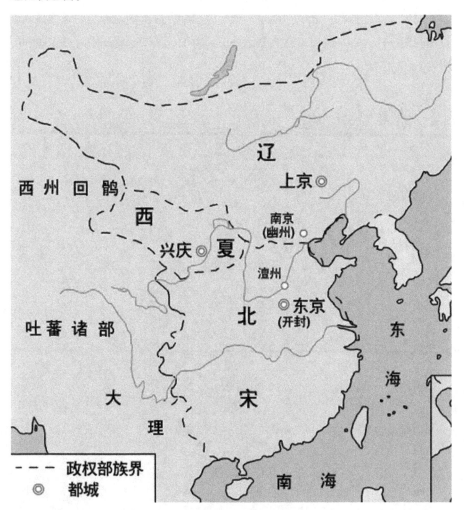

目前中国的历史教科书，在书写有关这段时期的历史时，多偏重于宋朝，而西夏、辽、金、大理等王朝，描写的相对较少，重视程度不够，再加上现在

所播放的那个时期的历史剧，多以描写宋朝作为正统王朝，把西夏、辽、金、大理等王朝看成是边疆部落，甚至是敌对政权，这严重不符合正确的历史观。因此我认为，在教科书及电视剧方面应该进行整改。我们一定要把西夏、辽、金、大理等王朝对等两宋王朝，因为它们同样是中国历史上很重要的王朝。

　　因此我提议把这段历史叫作新南北朝或者后南北朝，北朝包括：西夏、辽、金等王朝，南朝包括：北宋、南宋、大理等王朝，只有把这段历史看成是与魏蜀吴时期一样，每个政权没有高低之分，只有如此认识这段历史才是正确的历史观。

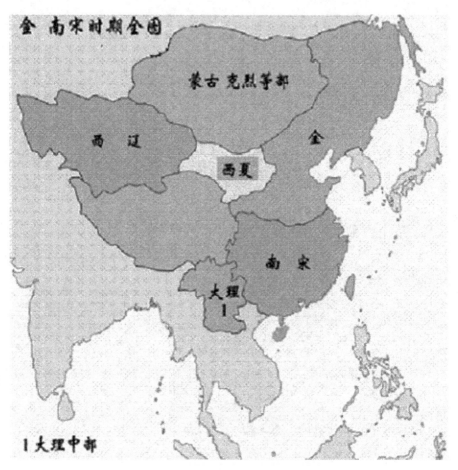

兴趣的力量

　　我本人从上学到不上学，也就是整个学生阶段，数学成绩都不怎么样，可我教的学生数学却好得出奇，我曾问他原因，学好数学有何窍门。他对我说，什么窍门也没有啊，就是喜欢数学，从小就喜欢。别人做数学题、上数学课如同蹲监狱一样煎熬，而他却感觉无比快乐。就是这种快乐的心情，促使他越来越爱数学，自然其数学成绩也十分的好。他问我能明白这份快乐的心情吗。我说当然，我完全明白。这并不是一句谎话，而是发自内心想要说的。当然了，我对数学是快乐不起来的，但有其他的事情可以让我乐此不疲，这种快乐是共同的，都是源于对某件事的兴趣。

　　其实这非常能让人明白，一个人总会有几件让自己感兴趣的事情，尽管别人感觉不可理解，一旦我们自己发现了一件事情的趣味性，我们身上的干劲就充满了力量，甚至在困难来临时，我们只有克服的欲望，而没有后退的想法。当我们一旦克服了困难，在这件感兴趣的事情上取得了一定的成果，这种成果一旦被周围人认可，自己的能力得到赞赏，就会更加激发我们为这项工作努力的愿望，总之会在这条路上越走越顺，取得巨大成功。毫不夸张，一个人的兴趣加上不断地被肯定，将会激发一个人巨大的创造力。

　　目前社会上很多小学生、中学生家长，花费巨大物力、劳心劳神地让自己的子女学这学那。但一段时间下来，会发现没什么效果，即便有，效果也不明显，于是这学期换个音乐，下学期换个美术，来年又学舞蹈了。慢慢地孩子也大了，钱也投进去了，你和你的孩子或许可以骄傲地说，你们是全面发展的人才，什么都学过。确实你们都学过，但这也仅仅可以称为曾经学过而已，但学习效果却和那啥也没学过的好不到哪儿去。

在这里，我不是说学多了不好，如果一个小孩子这也喜欢，那也喜欢，那就学嘛，反正技不压身，多一项技能总是好的，但前提是他得高兴才行，他得感兴趣，自己要求去学才行。这样的话，可能好多人都听得耳朵长出了茧子，但重视的人并不多，依然是不管孩子感不感兴趣，乱七八糟地瞎学一通，弄的孩子每次一进培训班，就好像经历了一次生死考验一样，这最终会导致孩子厌恶学习，不但厌恶这个，这厌恶像传染一样，学什么都厌恶。

进入大学之后，我们思考的时间多了，我们的选择也多了，我也希望在大学期间，每个学生都要找一两个自己感兴趣的事情去磨炼，就算你没有为以后的工作考虑，但它同样可以激发你的自信。在你通关你感兴趣的事时，被一个个不断的小成就带来的自信所武装，这也为你以后的工作树立起了巨大的信心。人一旦有自信就会变得阳光，就会变得灿烂。

下面我要谈很重要的一点。大学在毕业之时，一定要千千万万选择自己喜欢的工作，千万不要受待遇、稳定性所限，如果你屈服了这些因素，我不否认你能胜任这项工作，但在这项工作上，你也不会有很大的突破，时间一长久，你便会产生一种很迷茫的感觉。

现实生活中有很多例子，有的名牌大学学机械工程毕业的，最后写歌去了，最终也立业成名。这就是为兴趣敢闯的魄力，趁着我们年轻，我们不为自己想做的赌一把，不为自己的兴趣拼搏一番，难道还要等到娶妻生子以后吗？那样的话可能性就微乎其微了。趁着年轻，千万不要被眼前短暂的利益所迷惑。作为年轻人，一定要有为梦想皆可抛的豪迈。在为梦想、为兴趣拼搏时，再艰苦的困难也不会压垮你，再困苦的生活，你都能承受，并有巨大的信心完成事业。

说了这么多，可能还有人怀疑兴趣的力量。那就讲一讲我自己的一个例子，让大家来感受一下兴趣的力量。

毕业时由于受家庭条件所限，未能找一份自己感兴趣的工作，而是找了一份看似薪酬不错的岗位。谁知道一上班，这行业就开始走下坡路，而且看不到

这个行业复兴的希望。那时候的我极其郁闷，感觉什么都不如意，舍弃了自己喜欢的工作，找一份自己毫无兴趣，但工资还算说得过去的工作，而现在这个愿望也落空了，等于两头什么也没抓住。

后来因为许多客观因素，这份不死不活的工作我一直干着，但是整个人充满了一种挫败感。找不到奋斗的方向，心情极为压抑。后来下班之后在城里溜达，一天晚上溜达到一条夜市街，卖衣服、鞋子的，卖玩具的，卖花草鸟兽的，总之各种各样的生活用品、小玩意儿充斥着整条街。玩的人很高兴，卖东西的人也很高兴，我顿时被眼前的景象吸引了。我个人不一直想干个小买卖吗？从小买卖做起，积累经验，一步一步实现自己的愿望。我终于找到实现我自己理想的途径了。因为这是夜市，只有晚上干，白天不耽误上班，这真是一举两得，一想到这些，整个人马上感觉神清气爽，像是又活过来一样。

说干就干，我先是寻找摊位。看来大家的生意都挺好的，没有往外租摊位的，最后在这条街的尽头一个不起眼的角落，挂着一个往外转让的牌子。先不管位子好不好了，先租下来试试再说。当天晚上就谈妥了，价钱还不便宜呢，就这么一个不起眼的角落，一个月的租金好几百呢。如果生意不好，挣得估计都不够交租金的。租下摊子后，干劲马上就上来了，一刻都闲不住，看看时间还早，就跑到附近的小批发市场买了几箱饮料搬到摊位上叫卖。这种小东西自然是赚不到钱的，可是内心高兴，每做成一笔小生意，内心就充满了一种喜悦感。就这样忙活到十一点多，等街上逛街的人走得差不多了，我拉着剩余的东西回家了。

在接下来的几天里，一下班我就开始为我的小摊位筹划，买了小推车，在网上批发了商品，由于时间太急，来不及去外地市场进货，因此起初的一段时间，都是在网上进货，进得都是些小东西，一般都是女孩儿用的一些头饰之类的。从此以后我的生命充满了激情，每天下班以后，我都会急急忙忙地赶回家，来不及吃饭，收拾完东西，就用小推车拉着货直奔我的小摊位。即便是这样，其他商贩早来了许久了。没办法，谁让我还有一份工作呢。很麻利地支开摊子、摆上商品，开始我一天最幸福的时光。不知不觉时间已经指向十一点多，又该收摊了，这也是一天中最不情愿的时刻。收拾完东西，用小推车拉回家，已经快十二点了，简单吃点东西就去睡觉了，因为第二天五点半还要早起上班。

就这样日复一日地过了一段时间，我发现这些小东西虽然卖得快，但利润太薄了，于是又做起了女士服装，这次没在网上进货，成本太大，于是就请了几天假，去了趟附近城市的衣服批发市场。选了一个上午的货，总算心满意足。提着这些货回到家的时候已经快五点了，可耽误不得，饭都未吃，又急急忙忙拉着自己的新商品出摊了。这样的日子过得很紧张，但却很快乐，从来没有痛苦感，受罪感，全身有的只有快乐、充实。

后来因为这条街改建，夜市取消了，但我不会放弃的，我仍然会寻找其他的出路，因为我发现从事自己感兴趣的事真是太让人幸福了。没有了迷茫，只有前进的动力。

因此我说，学东西要找有兴趣的学，找工作要找有兴趣的工作干，只有这样，你才会真心地付出百分之百的努力，却没有任何抱怨。

惰性的力量

前一节讲到兴趣的力量，那自然是充满了正能量，那是一种让人奋发图强的力量。而惰性本来就是一个贬义词，它带给人的肯定是堕落的力量。不要小看这种力量，它可能让人永远翻不了身，一直沉沦下去。惰性的力量不是论述懒惰会带给人什么后果，这个大家都明白，也不用我废话。我要说的是惰性是一个从一种状态进入另一种状态的不适感，以及困难程度。更甚一点说是你不愿意从一种状态进入另一种状态，这种不愿意或者困难就是我所说的惰性。

其实我们每个人都或多或少地存在这种惰性，这种惰性不是所谓的偷懒、不努力，而是不愿意去改变，也就是说你在一种状态待得时间长了，不愿意进入另一种状态。而现实中更多的是你打算改变的愿望，由于考虑的太多，总是把这种改变一拖再拖，最终你被这种惰性打败了，你还是未改变，也没有了改变的欲望。

先举一个很简单的例子。对于我们学生来说，晚上我们很努力地去学习，甚至是争分夺秒，我们给自己定下了晚上的学习计划：复习英语和数学。当我们按照计划的时间把英语复习完以后，我们还想继续看下去，不想看数学，或者说不情愿看数学。为什么会出现这种状况，因为我们在学习英语的环境中待久了，习惯了，学的顺利，不愿意再换一种思维，开启另一种思维模式。你能说他不努力吗，他可一直在学习，没有偷懒，但内心里确实存在一种惰性，这种惰性懒得让你去换一种模式去学习。因此对待这种惰性必须要有深刻的认识，这就叫努力中的惰性，对人的影响非常大，对人的危险非常大，我们只有认识到这一点，才好改变。

这种惰性，努力中含着懒惰的现象，在现实生活中就更普遍了。我有一个同事大专毕业，在车间里是一名电工，也就是所谓的一线底层工人，这人非常勤快，非常乐观，干电工已经几年了，业务非常熟练，这一点领导是看在眼里的。有一天，领导说厂里要招技术员了，他有学历，又有丰富的工作经验，推荐他去报名了。按说这是多好的事啊，很多人想去都去不了，最起码工资高了，工作环境好了。可最终他没有报名，我问他为什么，他说他已经习惯了目前的工作状态，感觉挺好的，换一种工作感觉不适应，没有现在舒服。这就是明显的惰性在作怪。你能说他不努力吗，他在车间每天都干得热火朝天，很少休班。可他本质上确实是懒惰，懒得他都不愿更上一层楼往前爬，宁愿原地踏步，从本质上讲他是不愿意去费那个劲再去适应新的工作环境，他害怕再学习一种新的工作方式，害怕改变，害怕思考。现在的工作状态他很满意，什么都熟了，闭着眼睛都能干好各项工作。害怕接受新事物所受的那份苦，不愿意尝试那种新事物的不确定性。求稳、求安于现状，这就是我要说的惰性的本质。

现在我们有些人所存在的这种惰性能惰到让人吃惊的地步。我与一些朋友、同学在聊天的时候，他们整天抱怨公司效益不好，工资低，还没什么前途可言，想换工作之类的。如果真如上述所说，这工作确实不应该再耗下去了。辞了，换一种新的工作，是一种明智之举，因为找一份很有前途的工作确实是一个特别正常的举动。可是过了好久好久，依然只是抱怨，依然想辞职，可还是从事着原来的工作。为什么会出现这种现象，说白了就是内心的惰性所作祟。自己虽然非常讨厌这份工作，但更害怕去适应一份前途不明的工作。害怕去学习，懒得去学习新的事物，我敢断言，只要这公司不倒闭，只要发的工资还不至于让他饿死，他就依然还是抱怨，依然还是想辞职，依然还会在那里手忙脚乱地工作。

这种惰性太可怕了，它让你失去了前进的动力，它让你不再拥有创造力，它使你变得无法再壮大自己。有些人也许很不以为然，这叫什么懒惰呢，我每天按时上班，每天按时学习，勤勤恳恳，没有浪费一点时间，你还说我懒惰，

这太强人所难了。但无论你怎么想，当你看到我所说的这些话以后，认真地思考思考，你懒惰吗？你感觉是否有一种力量缠着你，让你没有了拼一拼的念头，是否有一种力量控制着你，让你安于现状，不求上进，你看似忙忙碌碌挺辛苦，实际上你每天都在重复同样的生活。你停止了思考，不再仰望星空，发问我的明天是什么样。

在这里我还得再讲一个例子。我有位朋友是做小吃的，这种小吃的口味是他自己琢磨出来的。我想他当时也尝试过很多种做法，终于试验出一种大众喜欢的口味，他也干得非常辛苦，每天起很早就开始忙活，然后再出摊卖。凭借这样的手艺，他也赚了些钱，可我一直有一个问题想问他，为什么不请几个人开个小店呢，这样不是能挣得更多吗。说不定做大了，还能开成连锁店呢。当我有一天问到我的这种疑惑时，他给我的答案同样让我得出一个结论：惰性太重了。他说他也想过，可是思考来思考去感觉太麻烦了，有许多事情得去考虑，许多事自己也没干过，太费脑筋了。他很努力，同时也很有惰性，这种惰性注定他只能挣一些钱，小富即安的思想决定他过不了大富人的生活。

我很真诚地奉劝每个有惰性心理的朋友，首先要认识到自己的这一错点，然后下定决心去改正，刚开始的时候很困难，但习惯了也就习惯了。

友谊长青的秘诀

　　我的学生说高中马上毕业了，又要失去一批朋友了。我很好奇，失去的还能叫朋友吗。我对朋友的定义是：自己出现困难或是喜悦时能想到的可分享的人。而那些从一开始就认定只要分开了，就很有可能不再联系了，那不能算成朋友，我们可以称为同事或是认识的人，还可以说是比较亲密的熟人，但总之不能叫朋友。我有重大的事能想到你，这样的关系才能成为朋友。

　　想做一对长久的朋友事实上很简单，彼此信任对方，互为双方的靠山，不嫉妒朋友的成就，平常心看待朋友的一切。无论朋友变成什么样子，你对他就一种看法：我的朋友。他的光环你不会感觉耀眼，他的挫败你不会感觉负担。

　　成为朋友的基础是，当他出现千难万险时，首先想到了你的帮助，而你在得到这一信息时，也是在第一时间、毫无迟疑地伸出援助之手。而当他困难得到了缓解，他并没有口头表达谢意，而你也不在乎这些。因为你们是朋友，这是理所应当的。

　　记得一天半夜，忽然手机响了，一位朋友打来的，这么晚打来肯定出了什么事，我忙问他怎么了。原来晚上他和一群人喝酒，其中一人和邻桌打了起来，把人家打住院了，把他也给牵扯进来了，正需要医药费，而他的钱不够，让我送些过去。我问他拿多少，他说能多拿点就多拿点，可能被讹上了，于是我把家里的钱全部带上，又打车去了几里以外的银行，取了个最高限额，就直奔医院。到了那里，他们一群人都在，酒好像也醒了，被打的人正在做全身检查。

我把钱给了他，彼此没说什么，我知道他正郁闷呢。因为我朋友不是一个惹事的人，人缘好得很。我小声跟他讲，这群人以后还是不要来往，被打的那种人也千万不要招惹，他点了点头，我信任他做出的承诺。像这样的事我们经历了很多，也正因为这样，我们感觉心里很踏实。

在这个陌生的城市里，如果没有一个可依赖的人，有些事情还真让人为难。记得有一次，我对象生病，到医院里一查，必须要全身麻醉做手术。医生看了看我，问：就你一个陪护吗？我点了点头，医生说这不行，等做完手术后，你一个人不够，还得再找一个陪护。医生让我在做完手术之前必须找来另外一个人。我很是着急，现在都是上班时间，我往哪儿找闲人去。最后没办法，我还是打了个朋友的电话。我朋友二话没说，请假就从几十里外的公司打车过来了。来了以后还埋怨我，为什么不早点打电话。我跟他说，我也不知道要做手术。就这样，我们都在手术室外焦急地等待，但我内心踏实了，不再六神无主了。这一部分安全感是朋友带给我的，出门在外有个人照应真好。

对于分布在不同地区的朋友，唯一能够拴得住这段友情的就是长期沟通。有些朋友分开后，刚开始的时候，还能经常联系，可是经过一段时间以后，这种联系的次数就逐渐减少了，有的时候虽然想起打个电话，可是拿起电话又不知道说些什么。我们总是被工作忙、生活烦这些借口所拖累。无论什么理由和困难，打个电话的时间总归是有的。我只想说你们是彼此认可的朋友，千万不要在乎一些旁枝末节的，不要抱怨为什么他不给我打电话。我们想打了，有话要说了，拿起电话拨过去，当我们没话可说的时候，也不要没话找话说。

真正的朋友之间没必要玩一些虚的，只要真诚就好了。郁闷的时候，开心的时候，找朋友开解一下。只要随时沟通，我们就不陌生。主动地交流，认真地交流，在这个世界上他依然是你可信赖的人。最重要一点，如果你的朋友在另一个城市结婚，如果不是万不得已，就千万不要找些生活、工作的借口，要跑去参加你朋友的婚礼，亲眼见证他们的幸福，这份认真，这份真诚，会让你的朋友珍惜到永远。

不嫉妒朋友拥有的一切，平常心看待朋友的光环。我们只是朋友，其他一切与我们无关，这才是朋友的最高境界。由于机遇不同，能力不同或者是说从事的事业不同，很可能你的朋友在工作上取得的成绩要光鲜很多。这时候，我们的心态该是怎样的？我们要远离他吗？人家风光了，跟我们这些人不同路了，还是识趣点，离远点吧。或者是莫名地产生一种悲愤：有什么了不起呢，想当初还不如我呢，现在是挺好，以后还不知道会成什么样子，这种心态，真正的朋友是不会有的。

对于朋友取得的成就，我们自然要为他高兴，同时我们应看清楚，朋友是如何取得如此大的成功的，在我们自己的事业上有什么可借鉴的。也许某个阶段，你是个卖凉皮的，他是某个公司的高层，别人会羡慕你有这么一个有能力的朋友，但你的内心不会为此沾沾自喜，对于你来说，那只是我真诚相待的朋友而已，不会为了在别人面前增加自己的分量，时不时地把自己的朋友拿出来亮一亮。而你的这位高层朋友，也不会因为有你这样一个卖凉皮的朋友感觉拿不出手，他会很乐意地在其他人面前说说你们的故事，那是一种自豪、发自内心的骄傲。真正的朋友，我们不关心其社会地位的高低，财富权利的多寡，而是看作共患难的人。平时的生活，我们彼此不会打扰对方，各有各的生活方式，也许你的生活方式比较高端，也许我的生活方式比较市井，但这又有什么关系，路是我们自己选的，我满意于现在的生活状态，同样也看淡别人的生活方式。

我告诉我的学生，朋友十个也不多，一个也不少，关键看那是不是真正意义上的朋友，不要为了交朋友而交朋友，那样朋友只会是生活的一种负担。酒桌上天南海北地胡侃，碰见事就躲，生怕惹事上身，这种所谓的朋友没必要闹僵，以后离远点，少交流些就是了。

生而为人，请务必要善良

我的学生今天下午放学后，与同学经过路口一个拐弯处，碰到一个行乞的老太太，他已经拿出钱了，那位老太太也已经伸手去接了，却被他的同学挡了回来，说不能给的，这些人都是骗子，他们的职业就是行乞。他回头望了望老太太，老太太对他笑了笑，又待在原地不动了。我的学生说，一直到现在他的心里都乱乱的，好像做了一件伤天害理的事情，内心特别烦躁。

我真是为我的学生感到欣慰和高兴。人在这个世上最美好的品质就是善良，善良使自己宽心，使旁人暖心，大家在一块儿相处会感觉特别安全。作为年轻人，我们有很多想法会随着这个社会施加给我们的影响而不断改变，越接触社会，我们越变得谨小慎微，我们怕被别人坑了，我们怕被别人害了，于是我们睁大眼睛看着周围的一切，怀疑周围的一切。其实随着年龄的增长，我们有这方面的防范意识是好的，我们学习周围的环境也是好的，但我们也应该不断地提高我们自己的辨别能力，不能什么事都受困于环境的影响，而丧失对事物的判断。还有一点就是我们应相信，这个社会上真善美是存在的，而且是占主流的，当我们是真善美的一员时，我们应该感到高兴，我们不是少数，而是这个世界最大的一个群体。

行乞，尤其是老年人行乞，我觉得我们不应该骂他们是骗子，进而讨厌他们。老年人，风风火火经历了一生，饱尝了社会的各种荣辱，尝尽天地的各种心酸，老了老了，不能颐养天年，没有儿孙绕膝，不能过着一种吃喝无忧、悠闲看景的日子，而是每天穿着破破烂烂的衣服，拿着个破钱袋子，对着社会上的任何人，无论是如自己儿女般的成年人，还是像自己儿孙的小朋友，无不是点头哈腰，像恭维大爷似的祈求着每一位行人施舍一块硬币，想想就让人心酸，这是一幅多么凄凉的画面。我们也有自己的爹娘，我们也有爷爷奶奶，我们同样也会老去，如果不是生活所迫，如果不是想生存下去，如果不是走投无路，再无他法可寻，谁会舍着一张老脸，忍受着路人的白眼，这么没有尊严地讨钱过生活。

　　人的一生是多么不容易，从小孩到成年，再到老年，经历了一切风雨，老了却只有跪在路边向每位匆匆过客鞠躬哈腰，多么凄惨。因此，我奉劝每一位看官，当你碰到这样一幕时，千万不要用一种不屑的眼神对待行乞的老人，能帮点就帮点，这点钱对我们来说不算什么，却可以暖一下已经对这个社会失望透顶的心。谁都有脸，谁都爱面子，如果不是走投无路，有哪位老人愿意走这一步。

我从小家里日子不好过，上高中时每一毛钱都得计算着花，但当我逛街时，如果我碰见了行乞的老人，我会给他五毛，五毛虽然不多，但这意味着，我一顿饭的钱没啦。但是我很高兴，我很踏实，因为我帮助了一位需要帮助的老人。

我希望全天下的老人都过得好好的。有了对象以后，我的对象也被我传染了，只要逛街时碰到行乞的老人，我对象不会等老人开始要，就已经掏钱了，我十分欣慰。每个老人都不容易，他的这几十年人生，就是对这个社会默默无闻贡献的一生，恐怕连她自己都不知道，这个世界是时候该偿还一些了。现在我有了孩子，我也教育我的孩子像他的父母一样，心里多一份善念，相信每一位老人，也相信自己。

每个人都有老去的时候，每个人的一生肯定不会一帆风顺，当我们老的时候肯定会经常回味我们走过的一生，行乞的老人也会。从一个婴孩变成一位老人，这个过程本身就是一个不简单的过程。如果一个老人他还想继续生存下去，那说明他还喜欢这个世界，如果一位老人用行乞的方式生存下去，说明他非常留恋这个世界，我们给他一份生存的希望，我们给他一个留恋这个世界的理由。

劳逸结合效率更高

　　无论是对中考的学子，还是高考、考研的学子，在复习备考的过程中，都恨不得把一天 24 小时全都用上。我的学生就是这样，白天在学校学一天，晚上还得隔三岔五地请我来做家教，除了吃饭睡觉，其余时间恨不得全部用在学习上。总的来说这是对的，人生短短几步，尤其是在一些关键的路段，你不努力，就很理所应当地被挤下桥去。人的一生处处在竞争，只不过这些所谓的中考、高考更显眼罢了。努力学习当然支持，你分秒必争地利用时间，但我更看重你的学习效率。考试考的是谁的分数高，不是考的谁在那儿学习时间长。有的人一天天都在那儿趴着学习，可是分数老是上不去，这自然不是其他人的学习榜样，甚至成为查找原因的典型。

　　人无论是工作还是学习，都有疲劳期。当你进入疲劳期的时候，你的工作、学习的效率就会明显打折扣，甚至可能没什么效率。试想一下做了好几个小时的题，头昏脑涨的，什么灵辩的思维、发散的想象、突发的灵感早已荡然无存，这个时候你碰到一个很有挑战性的难题，你在那儿冥思苦想了半个多小时，毫无解题思路，这也就是说在这个半小时里，你不仅没学到任何东西，还使自己的身体进一步疲劳，一点好的效果都没收到。

　　因此我建议，当然也不只有我一个人建议，全国的老师绝大多数也这么认为，当自然出现困乏或学习有厌倦之情时，要么趴那儿睡会儿，要么找其他的调节方式，让自己放松放松。其实学校里已经为我们安排了很多种调节方式，

比如体育课、音乐课、课间操等，在这儿我郑重提醒学生，这些时间一定要好好利用，一定要好好地玩，好好地放松，千万不要再想文化课的事。

我是过来人，我知道有一小部分人，总是利用这段时间去学习文化课，以此来说明自己的学习时间比别人长。你的学习时间是长，可你的学习效率怎么样呢，你是不是掌握的知识比别人多呢。有的人每次上体育课总会拿着本书，当老师教完该教的活动，让大家自由活动时，他躲得远远地拿起那本书看了起来。有啥作用，在操场这么吵闹的地方，你能学进去吗？远远地看去，大家都在操场上兴高采烈地玩，你很扎眼地卧在那儿苦想。好一点的说你勤奋，不好听的说你装。别人的看法倒是其次，关键是这种场合根本不会有什么收获，为何不放松放松，好好地放松放松，攒足精神，好好地去学习。

更有甚者，在音乐课上偷偷摸摸地背单词，算数学题，一边跟着唱，一边还得背单词，你多累啊，这样一节课下来得多难受啊，何况这样的环境，你能记几个单词，你能解决几道有实际意义的题？把自己整的跟个二傻子似的。这一节课下来，你既没有痛痛快快地玩好，又没有取得什么样的学习效果。我只能说，这种为了目标而学习的精神可嘉，但实在不可取，为什么，就一条：毫无效果。

还有的人会在课间操的时候称病，不肯做操，要把这宝贵的时间用到学习上。我想说的是，你真是把时间用在了错误的地方。课间操本是让大家出去透透气，看看外面的风景，活动活动疲乏的筋骨，这是一种提高工作效率，集中精力学习的绝好方法，可是你宁愿待在那空气混浊的教室。我试问一下，在那段时间你是否能够解决一道大题。接下来的几节课里，你还有足够的精力去学习吗，如果没有，请好好地利用课间操那十几分钟。

无论是中考，还是高考，学校给的那几种调节方式是远远不够的。我们自己还要根据具体的情况，自己找些调节方式，比如说课间啊，这个时候如果没有啥问题了，我们可以暂时停止思考，和周围的同学聊聊天什么的。

我记得我高中的时候喜欢打羽毛球，一下课，我就拉着我同桌到外面去打球，那种感觉可好了。学习了一段时间，换一种调节方式，再次上课时，精神也集中，学习效率还高。记得有一年下大雪，课间，我们大家都去玩雪，连老师都加入了，身心非常放松，玩过后那次课堂的效果非常好，老师讲得认真，同学们听得认真，学习效率能不高吗。

我们上高中那会儿，放学后同学们吃完中、晚饭，又急急忙忙地回教室学习去了。我跟他们不一样，每次吃完饭我都会沿着我们学校旁的一条小河散步半个多小时。看着缓缓流淌的河水，沿堤的树林，田里的庄稼，周围的屋舍，那真是一种最放松的时刻。本来整个人懒洋洋的，可散步后全身上下充满了力量。我的这种状态一直持续到高考，我一点都没有感觉时间的浪费，反而感觉自己充分利用了时间，因为一个人在有限的时间里取得了效果，这才能算充分利用了时间。

我非常理解中考、高考的学子，因为我也是过来人，我知道那段时间的辛苦，更感动于每位用功的学生，因为你们知道要的是什么，并为此努力拼搏，因为你们选择了一条正确的道路，你们没有被眼前的困难吓到，你们用克服困难的决心，挑战眼前的一切，为自己光明的未来奋勇向前。这非常值得赞赏，但既然努力学了，就要学出效果，这才是我们最终的目标。不能为了学习而学习，学习是为了取得更好的成绩。因此我们一定要调节好自己的生活方式，怎样做才能使我们的成绩更高，怎样做才能使我们的效率更好。良好的调节方式，充分的休息时间将使你的努力事半功倍。

健康饮食（之一）

现在的孩子多好，终于不会再为吃饱发愁了。吃已经不成问题了，而且家长还变着法地给自己的孩子增添营养，对于这样一种状态，有的学生却吃不好了。午饭吃碗麻辣烫加一瓶碳酸饮料，这种食物很刺激，很多人都喜爱吃，但是喜欢吃也不能常吃。偶尔吃顿可以，绝对不可以天天如此，尤其是学习紧张，还处在发育期的学生，营养根本达不到。影响学习不说，还影响自己的身体发育。身体是革命的本钱，这句话太正确了，只有你参加工作了，才会深刻地理解这句话的含义。试想一下哪家单位会喜欢一个瘦弱、体质差的工作人员。有的学生吃饭问题重视得更不够，下课以后买瓶水、面包之类的拎回教室，边吃边学。这样的学法只有一个结果，高考完以后身体垮了，甚至高考还未到，身体已经垮了。

我上高中的时候，是十六年以前。家是农村的，条件比较差。由于要在县城上学，需要住宿，吃饭的事自然也就在学校了。两星期回家一次，回学校的时候就是提着换粮票的麦子，再拿点钱。虽然家里条件不好，但家里为了能使我吃好，给的钱总是充足的。我那时很懂事，不肯多花一分钱，总想着省点，下次回家的时候就可以少拿些了。于是每顿饭就吃两个馒头加上从家里带来的咸菜。很少喝汤，一般都是喝开水，那个时候真叫苦，可心里舒坦，能为家里省一些钱，这也是我唯一能够做的了。当然了，后期生活好了，我在学校的伙食也改善了不少。但我一直后悔那段节衣缩食的日子，省也没省多少钱，对家里来说也没有多少实际意义上的帮助。可身体确实是那个时候弄垮的，到现在都还是瘦瘦弱弱的，真是不值啊。

高中时候正是长身体的关键时刻，我却在那个时期可劲儿糟蹋自己的身体，真是后悔啊，否则也不会这么弱不禁风。现在好啦，再也不会像以前那个样子了。现在不会因为钱不足而吃不饱了。但就因为现在乌七八糟的东西多了，很多学生都吃出了花儿，却未吃一些对身体急需的东西。要不就胖得不行，要不就细高个，真正体质好的，一个班级也挑不出几个，学生的体质真让人揪心。

作为一名学生，尤其是中学生，我们急需一个健康的饮食方式。如果学校就在家的周围，这是最好的，我们不用为吃的发愁了，家里人都为我们准备好了。现在的家长多好啊，上网查资料，咨询营养专家，做什么样的饭菜会对学生的身体最好，吃什么才能更健康。因此妈妈做的饭我们要按时吃，吃饱也得吃好。

不要吃过多的零食，最好不要吃零食，平时多打一些开水，自己随时准备个水杯，少喝一些饮料，尤其是碳酸饮料，养成一个健康的生活方式，慢慢习惯就好了。而对于那些离家远的学生，食宿要在学校解决的同学，吃饭可就要上心了，不能想吃什么就吃什么，听家长的，多吃一些蔬菜，少量的肉食。每次吃饭的时候多喝些汤，不要吃那些油炸食品，少吃烧烤的食物，酸辣刺激的要少碰，更要坚决杜绝的就是不吃饭。千万不要以为没人管，又感觉不饿，因此宁愿睡觉也不愿意去吃饭，一直等到啥时候饿了啥时候吃，造成饮食不规律，慢慢地身体就垮了。

请记住，身体是革命的本钱，一个好的身体，一个健康的体魄，是你从事任何工作、学习的基础。它会让你周围的人放心，家长放心，领导放心，只有这样家长才不会担心你的身体，领导才会放心地把工作任务交给你。

恪守社会公德

前两天我的学生在与我聊天的时候，讲了一件令他十分恼恨的事情。在去杭州的火车上，对面的一个中老年人脱掉了鞋子，把两只脚伸到了自己座位旁边，令他厌恶死了。他让他把脚放回去，那人不干，非常理直气壮地说什么，这是自己的权利，很多人都这么干，还训斥他管得太宽，说这是公共场所，不是他家。周围的人无动于衷，就连跟他坐同一座位的人都把脸扭过去玩手机。争执的最终结果就是把列车员给引了过来，在列车员的劝说下，那人虽说是穿上了鞋子，但可以看出他一点都没服气，就好像自己吃了很大的亏一样。同样，我的学生也是心情非常不愉快，最终没在座位上坐多长时间就跑到了两节车厢之间去了，宁愿站着，也不愿意看到那位脱鞋者的嘴脸。

很显然，我的学生一点错也没有，而那位脱鞋者的做法是一种完全没有素质的行为。更可悲的是他把这种没素质的行为看成是光明正大、理所应当的。为了一点点私利，为了一点点舒服，竟全然不顾形象，不以为耻，相反还感觉自己很潇洒，好像是在做一件让自己载入史册的事情。在这儿我只能说，你这种行为，只会让你的祖上蒙羞，后代感觉脸红。这虽然不是别人家，但也绝不是你家的大炕，脱了鞋真的就那么舒服吗？让陌生人闻你的臭脚丫子，真的就那么有满足感吗？没素质，我始终认为这种人已无任何灵魂救赎的可能。

说白了，这是一种不遵守社会公德的行为，那么什么是社会公德？我们先

看看书上给社会公德下的定义。社会公德是指人们在社会交往和公共生活中应该遵守的行为准则，是维护社会成员之间最基本的社会关系秩序、保证社会和谐稳定的最起码的道德要求。

社会公德有广义和狭义的理解。广义的社会公德是指：反映阶级、民族或社会共同利益的道德。它包括一定社会、一定国家特别提倡和实行的道德要求，甚至还以法律规定的形式，使之得以重视和推行。狭义的社会公德是特指人类在长期社会生活实践中逐渐积累起来的、为社会公共生活所必需的、最简单、最起码的公共生活准则。它一般指影响着公共生活的公共秩序、文明礼貌、清洁卫生以及其他影响社会生活的行为规范。社会公德是人类社会生活最基本、最广泛、最一般关系的反映。在阶级社会中，尽管存在各种不同阶级的划分，存在着各种不同的分工，但处于同一时代的同一社会环境里的全体社会成员，为了彼此的交往，为了维持社会的基本生活秩序，都必须遵守为这个时代和这个社会所必需的基本的简单生活规则。

我所要讲的社会公德就是指的狭义的社会公德。一提起社会公德好像特别高大上似的，其实说白了，它就是我们生活中的一些细节。我们时时刻刻都在做着一些维护社会公德或者违背社会公德的事情，为了给大家加深印象，我在这儿多讲一些关于违背社会公德的事例。

外出旅行的时候，可能我们很多人都坐过飞机。进入飞机落座后，乘务员都会提醒我们关掉电子设备，因为这会给飞机的飞行造成一定的危险。科学证据也显示，在飞机上使用手机，确实存在潜在危险。如果电器的频率，与一些航空器的频率差别很大，所造成的干扰将减至最低点，或完全不受干扰。手机、电脑、收音机等传送的电信号，除了强度会影响航空器，它们传送的频率，如果与航空器的频率恰巧相同或相近，加上振幅（或波幅），就会产生最大的破坏，出现危险的状况。

在飞机上，使用中的手机会干扰飞机的通讯、导航、操纵系统，是威胁飞行安全的"杀手"。飞机在整个飞行过程中，利用机载无线电导航设备与地面导航台保持实时联系，控制飞行航线。在能见度低的情况下，需要启用仪表着陆系统进行降落，也就是利用跑道上的盲降台向飞机发射电磁波信号，以确定跑道位置。而手机不仅在拨打或接听过程中会发射电磁波信号，在待机状态下也在不停地和地面基站联系。在它的搜索过程中，虽然每次发射信号的时间很短，但具有很强的连续性。所以手机发出的电磁波就会对飞机的导航系统造成干扰。

飞机在高空中是沿着规定的航向飞行的，整个飞行过程都要受到地面航空管理人员的指挥。在高空中，飞行员一边驾驶飞机，一边用飞机上的通信导航设备与地面进行联络。飞机上的导航设备是利用无线电波来测向导航的，它接收到地面导航站不断发射出的电磁波后，就能测出飞机的准确位置。如果发现飞机偏离了航向，自动驾驶仪就会立即自动"纠正"错误，使飞机正常飞行。

当移动电话工作时，它会辐射出电磁波，干扰飞机上的导航设备和操纵系统，使飞机自动操纵设备接收到错误的信息，进行错误的操作，引发险情，甚至使飞机坠毁。

其实上面所讲的，每个人都知道，乘务员在每一次飞机飞行时都会给大家讲清楚，让大家明白其中的利害。可是有些人就是为了要显示自己的与众不同，彰显自己的存在，为了在这种场合刷一点点存在感，非得让乘务员说好几遍才关机，甚至与乘务人员吵起来，来显示自己所谓的权力。

你想死没人拦着你，但是你没有践踏其他人生命的权力。这不仅仅是一种不良的行为，这种漠视他人生命的行为，是一种严重的品质行为，说白了就是犯罪，而且犯的是杀人罪。对于这种行为的制止不仅仅是机务人员的责任，任何人都有权利，因为你结结实实地损害了他人的生命安全，把你揪下飞机一点都不为过。

在拥挤的城市里，公交车是必不可少的一种出行方式。乘坐的次数多了，各种各样的人见的也多了。虽然公交车播音不断地重复着给老弱病残让座，可现实生活中，你总能看见在公交车里站着的老人或抱孩子的妇女。对于这种行为，我们暂时称之为觉悟低吧，还在我们的忍受范围之内。可前几天看了一个视频，那真是叫人无法忍受了，也确实有人没忍住动了手。

这个视频拍的是一个妇女提着两大兜东西上了车，自己坐一个位置，又把东西放到了另一个位置上。你想想公交车本来位置就不多，人都坐不下，你还放东西。这时正好过来一个拄拐棍的老大爷，这个女的非但不让座，还骂老大爷，而且越骂越厉害，简直有种我是泼妇我怕谁的豪举，气得老大爷跟她大吵了起来。就在大家都气愤之余，有位冲动的大哥上去就给那妇女两耳光，周围的人群爆发出一阵叫好之声。想不到她还在大喊大叫，接着又吃了大哥几巴掌。看来这位妇女也是位会看事的主儿，知道大哥不好惹，也不去还手，她还算识相，明白好汉不吃眼前亏，不过亏已经吃得不少了。仅仅为了占个座，在大庭广众之下挨了这么多耳光，而且周围人一片叫好之声，既伤害了自己的身体，还丢了人，看来这位精明的女人没算好账。这说明什么？说明她的行为已经触犯了社会公德的底线。

和亲朋好友在外面聚餐时，总会遇到一些无事生非的人，为了显摆自己有两个臭钱，为了把消费者就是上帝这句话发挥得淋漓尽致。一些客人在用餐过程中，总是要为难一下服务员。一会儿咸了，一会儿又淡了，一会儿辣了，一会儿又苦了，不折腾个几次，好像对不起自己的身份似的。甚至在人家店家再三道歉的时候，仍然不依不饶，把自己的一副大爷样摆得十足。让人看了厌恶，貌似自己多么尊贵，殊不知已成为别人的笑话，活脱脱一个小丑样。

服务行业和我们所从事的其他工作一样，我们理应尊重别人的每一份劳动，而不能够伤害别人的尊严。在我们接受别人服务的时候，也可能会出现这样或那样的不满意，我们为什么不能够心平气和与人家沟通说明，非要摆出一副臭嘴脸，难道真的唯有如此，才会显得我们有面子，看似我们争得了面子，实则恰恰丢掉了面子。我们理应换位思考一下，如果别人对待我们工作中的不足，用的都是蛮横的方式，那我们的心情又将如何。如果别人对待我们已经很努力地工作成果，还是挑三拣四，没事找事，我们是否又能够承受这份侮辱。别以为你给别人几个钱，你就成大爷了，谁也不欠你的，你只是用你的劳动成果换取你所需要的服务。你没有啥可自豪的，别人挣你的钱是理所应当的，因为你接受了别人的服务。这是一种平等的关系，不要整得跟回事儿似的。还有一点，每个人的容忍度是有限的，当你做得太过火的时候，小心被别人暴揍一顿，那你可就得不偿失了。本来出来好好地享受自己的劳动成果，最后却弄得自己脑袋上多了几个疙瘩，你说有多郁闷，但也是你自找的。

公共场所大声喧哗或制造噪音真的是一件特别令人讨厌的事情。当你坐在公交车上想静一静或者休息一会儿的时候，突然两个人很不顾形象地大声交谈，或者是一阵刺耳的手机铃声。紧接着伴随的是十分钟的大喇叭似的通话交流，真的有种想让人诅咒他的感觉。

一个人想要得到别人的赞赏太不容易了，所以没事的话就别再刻意地惹人嫌了。一个好好的休闲餐厅，大家都在开心地轻声细语地交流，你们一群人却在那儿划拳、劝酒，要不就是嘴里骂骂咧咧地抽着烟打着扑克。这种行为真是叫人无语，什么样的场合，干什么样的事，干嘛非要把自己整得很另类，为什么非要大家心里怨恨自己、咒骂自己，自己才满足呢，这不是贱骨头吗？

无论是上学期间，还是工作以后，我们都有可能和大家共用一个宿舍。这个时候，我们更要重视自己的行为，我们应尽量多为别人想一些，看看自己的哪些行为影响了别人。比如当我们回宿舍晚了或起床起早了，别人都已经睡了或是还都在睡觉，这个时候最好不要开灯，以免影响别人的休息，在这样一个安静的环境里，我们洗漱或者干别的事，都要轻轻地，把对别人的影响降到最低。我们这样做，别人也会这么做，这样我们才能有一个舒适的休息环境，否则本来这个该休息的宿舍会变成一个噩梦，将是你最压抑的地方，最讨厌的地方，时刻都想逃离的地方。

我想现在炒得最凶的违背社会公德的事，莫过于在黄金周期间，一些游客的不文明行为。这种不文明行为天天在喊打，天天在曝光，可仍然是屡见不鲜。真不明白有些人是怎么想的，明明说了不能攀登，可有些人见了这些警示牌，就好像被刺激了一样，非要爬上去，摆几个造型，拍几张照片，做这种事情真能让你很有满足感吗？就真的这么有意思吗？有的人更是可怜，自己不爬，自己不上，反而把自己的孩子送上去，冒着被别人批评的风险，也要让自己的孩子尝试一把被禁止的行为，爱孩子可真是爱到家了。平时教育孩子做人的道理，让孩子读书的成果，让你顷刻间玩完了。

有的人明明看见垃圾桶就在不远的身旁，可就是爱把垃圾随手丢到地上，也不知道这些人咋想的，难道你能从环卫工人打扫你垃圾的过程寻找出一种自尊，从他们身上你能找出一种优越感，你可知你光鲜亮丽的外表瞬间变得惹人厌恶。

更离谱的是一些人在一些古迹建筑上秀恩爱、秀存在。我真的难以想象，你们被网络、被电视曝光，丢不丢人，你什么都没秀，只是现了脸，而且是大大地丢人现眼。

更有甚者跑去国外丢脸去了，不仅损害了自己的形象，还让整个国人都跟着丢脸，被全国人民唾骂，真不知还有何面目活下去，自己丢人也就算了，让亲朋好友，甚至是认识自己的人都跟着丢脸，也真是不顾形象达到了极致。

更为无耻的一种行为就是随地小便，不懂事的婴孩也就算了，而做这些事情的人往往又是成年人，真是令人气愤。光天化日之下，人来人往途中，寻个小树苗，拉开拉链就小便。我真怀疑你爸妈是怎样教育你的，难道找个厕所就这么难，难道在人流如织的环境中你真的小便得出来，就算你真的再急，再不熟悉环境，你也应该找个僻静点的地方，人相对少一点的地方。大庭广众下小便，我只能用无耻来形容你。

　　换作以前，当一个老人摔倒了，谁会想那么多，人们的第一反应肯定是过去帮忙扶起来，而这几年居然成了一个问题，而且是一个热度不减的问题。平民在讨论，专家学者在研究，究其原因是因为屡次发生被讹事件，弄得大家顾虑重重。

　　现在我把这种说新不新，说过时不过时的话题拿出来讨论一番，只是因为这是一个很典型的公德事件，大家有必要厘清这个问题，以便为自己的行为负责。

　　老人倒地到底该不该扶？我想大多数老人是需要我们扶的，需要我们去帮助，人人都会老，人人家里都有老人，如果一个老人倒地，大家见了就像躲瘟神一样，那这个社会就太冷血太无情了，人活着也就没有了意义，失去了尊老的传统，不仅会寒了老人们的心，也寒了我们对未来的心，凡事要考虑到以后的自己。沾边耍赖或讹诈毕竟是少数，真相总会大白的。那些利用人们真善美去欺骗别人的人，不仅是对人性的一种践踏和残杀，更是对自身的一种侮辱和诋毁。就像假乞丐毁了真乞丐的前途一样，最后他变得比真乞丐还要乞丐。假和尚冒充真和尚胡作非为，最后触犯了神灵。世界上没有两片完全相同的树叶，同样世界上也没有完全相同的两件事情，凡事不要一棍子打死，不要让一只老鼠害了一锅汤。遇到别人有困难，特别是老人，我们必须第一时间出手相救。如果救人前还要东想西想，存在着私心杂念，动机不纯，那很多人岂不是要死于我们的熟视无睹、无动于衷和视而不见，那是怎样的自私与狭隘？怎样的丑恶与卑微？怎样的悲哀与惋惜？人性怎样的残缺和心灵怎样的畸形？既然去帮助别人，就不需要任何目的，一门心思地尽自己最大努力去帮助。浊者自浊，清者自清，相信好人会有好报，这样的社会风气才会蔚然成风。

　　违反社会公德的例子还有很多，比如有的人在小巷子里骑着个大摩托，摩托后座上捆着个高分贝的大音响，在人群里穿来穿去，自以为很酷，自以为已经成为大家的焦点，你可知道这种行为，早已被周围的人恨得牙根痒痒。有些单位或组织为了美化周围的环境或者搞某些庆祝活动，都会租一些或买一些鲜花做点缀。路过的人对这些鲜花赞不绝口，给人带去了美好的心情。可是总有

些人改不了小偷小摸、爱占小便宜的毛病，趁人不注意偷偷拿几盆，几盆花能值几个钱，却玷污了自己一身的洁玉，因小失大，你有啥资格对自己说自己是一个爱美的人。

遵守社会公德，因为我们生活于其中，想让自己的生活更舒适、更贴心，我们必须履行一些约定俗成的规矩。守秩序、守标准并没有那么的可怕。当你遇到的一些人都是一些崇尚社会公德的人，你就会发现你的生活有多么的方便，自然当你也在这么做一件事情的时候，你就会发现其他人脸上也会展露出一种满意的神情。这种神情让人放松，减少了心里的负担。

我知道目前社会上存在很多违背社会公德的事情，这让你很气愤，你甚至因为自己这方面的利益受损，而采取报复的行为，茫然做一些违背社会公德的事情。在这儿我奉劝你，千万要压制住自己的不良情绪，更要杜绝把这种不良情绪转化为不良行为的事情发生。我们要以自己良好的行为去影响别人，用自己的实际行动改变别人不好的行为，这才是一个良性的进步。

把做梦变成追梦

我的学生高兴地告诉我，昨天晚上做了一个令他非常激动的梦，他被一所著名大学录取了，但从这种高兴的神情里，我看到的更多的是失望的心情。因为毕竟是梦，不是现实，我拍了拍他的肩头，告诉他好好努力，美梦会实现的。

每个人都会做梦，即便是最安于现状的人也会做梦，我们梦想着成为一位名人，我们梦想着变成亿万富翁，我们梦想着万千宠爱于一身。我从不嘲笑做梦者，因为只有做梦的人，才知道自己想要什么，只有做梦的人才会想着试图去改变。只有做梦的人才会有可能追梦，去把梦想变为现实。

我自己就喜欢做梦，我梦想着变成国家主席，把国家丢失的领土再给抢回来，把全国大大小小的贪官都给绳之以法，让整个国家变得公平正义，使每一个国民的素质都能得到巨大的提升。我想我的梦也只能是梦了，实现的可能性几乎为零。我不说绝对为零，因为任何事情都有可能发生。前面的梦想有点大，可能有点不靠谱。但我也做着靠谱的梦，我梦想通过自己的努力使自己有足够的资产，使自己家人的生活过得更好，我梦想着自己有一天能做一项自己喜欢的事业，从而可以实现自己的价值。

有了梦想很美好，但更美的是我们可以放下一切包袱，冲破一切阻力去勇敢地追梦。举几个追梦的例子，给大家打打气，让大家勇敢地去追求自己的梦想。

邓亚萍是乒乓球历史上最伟大的女子选手，她5岁起就随父亲学打球，

1988 年进入国家队，先后获得 14 次世界冠军头衔；在乒坛世界排名连续 8 年保持第一，是排名世界第一时间最长的女运动员，成为唯一蝉联奥运会乒乓球金牌的运动员，并获得 4 枚奥运会金牌，其中包括单打和与乔红组合的双打。身高仅 1.50 米的邓亚萍手脚粗短，似乎不是打乒乓球的材料，5 岁时就开始学打乒乓球，因为个子太矮被河南省队排除在外，只好进入郑州市队。但她凭着苦练，以罕见的速度，无所畏惧的胆色和顽强拼搏的精神，10 岁时，在全国少年乒乓球比赛中获得团体和单打两项冠军，后加盟河南省队，1988 年被选入国家队。13 岁就夺得全国冠军，15 岁时获亚洲冠军，16 岁时在世界锦标赛上成为女子团体和女子双打的双料冠军。1992 年，19 岁的邓亚萍在巴塞罗那奥运会上又勇夺女子单打冠军，并与乔红合作获女子双打冠军。1993 年在瑞典举行的第四十二届世乒赛上与队员合作又夺得团体、双打两块金牌，成为名副其实的世界乒坛皇后。

　　我想马云是当今社会知名度最高的创业人士。他的励志故事大家也看了好多好多，他甚至成了创业的代名词，所有青年创业者的偶像，有人曾经说过这样一段话，我给大家摘录下来共赏一下：曾经我很不喜欢马云，甚至在微博中批评其太高调，也不喜欢其粉丝如金庸小说中的丁春秋的弟子，敲锣打鼓，一片高呼千秋万载，一统江湖；也曾经批评其投资并购策略，什么都买，好大喜功，对其主业并无帮助；也曾经批评其将在香港上市的阿里巴巴低价私有化，等等。就是这么一个人，我曾经多次批判过。但是，现在我认为我错了。自从我创业以后，我的思想变化很大，在中国创业之难，超出想象，一个人坚持创业一年以上，心理将是极其强大的。马云之前经历多次失败，不用说其长相之奇，小时候肯定备受大家嘲弄，高考几次，落榜几次，考上大学后也是名不见经传的学校，毕业后应聘工作屡屡被拒，创业多次失败。这是一个心理和意志怎样坚强的一个人，才能走到现在。这是一个过去曾经深夜痛哭过的人，不管他现在多么风光。在中国，有的时候高调是为了保护自己，马云就是如此，当你高调到中国无人不知，也许就能给自己多一重保护。今天我写了一段话：如果你长得丑，没关系，想想马云就好；如果你高考几次落榜也没关系，想想马云就好；如果你找工作连续被拒没关系，想想马云就好了；如果你创业失败五次也没关系，想想马云就好了。人不怕失败，不怕先天不足，就怕没有梦想，没有激情，只要有梦想，有激情，有担当，持之以恒地坚持，就能拥有自己的一片天，就能克服摆在你面前的任何困难。

司马迁遵从父亲遗嘱，立志要写成一部能够"藏之名山，传之后人"的史书。就在他着手写这部史书的第七年，发生了李陵案。贰师将军李陵同匈奴的一次战争中，因寡不敌众，战败投降。司马迁为李陵辩白，触怒汉武帝，被捕入狱，遭受残酷的"腐刑"。受刑之后，曾因屈辱痛苦打算自杀，可想到自己写史书的理想尚未完成，于是忍辱奋起，前后共历时18年，终于写成《史记》。这部伟大著作共526500字。开创我国纪传体通史的先河，史料丰富而翔实，历来受人们推崇。鲁迅曾以极概括的语言高度评价《史记》："史家之绝唱，无韵之离骚。"

还记得刘伟这个中国第一位达人吗？他的故事曾经激励了很多人，也成为很多追梦人的榜样，每次重温他的故事，都让人热血沸腾。当一个人在失意时，在迷茫时，在追梦过程中遇到挫折时，读一遍他的故事，总能给人一种奋进的力量，给人一种克服困难的勇气。

刘伟，1987年生于北京，10岁时因触电意外失去双臂，伤愈后他为了今后的生计加入北京市残疾人游泳队。

2002年，通过努力，他在武汉举行的全国残疾人游泳锦标赛上获得了两金一银；2005年、2006年连续两年获得了全国残疾人游泳锦标赛百米蛙泳项目的冠军。他还对母亲许下承诺：在2008年的残奥会上拿一枚金牌回来。并且在此期间，他还学习了高中的课程，成绩十分优异，考上大学不成问题。

然而命运对这位年轻人的残酷之处在于：总是先给了他一个美妙的开局，然后迅速地吹响终场哨。在为奥运会努力做准备时，高强度的体能消耗导致了刘伟身体免疫力的下降，并且高压电对于他的身体细胞有过严重的伤害，若不排除以后会有患上白血病的可能，所以他无奈放弃了体育。此时一个从小藏在他心里的梦改变了他的人生轨迹，从小就梦想着能成为钢琴家的他，放弃体育，并且不顾家人劝阻，选择了放弃高考，学习钢琴。

但他的学琴路绝不是一帆风顺。当他报名参加音乐学校后，遭到音乐学校拒绝和学校校长的侮辱与歧视，校长说他的加入只会影响校容，但坚强的他没有因此沉沦，他对音乐学校校长说："谢谢你能这么歧视我，迟早有一天我会让你看，我没有手也能弹钢琴！"于是，他开始自学钢琴。

用脚弹琴是艰难的，这需要勇气和想象力，许多人用手弹都需要很多年才有起色，何况是脚。他每天练琴时间超过7小时。"那时真是精神和体力的双重考验。"终于在脚趾头一次次被磨破之后，他逐渐摸索出了如何用脚来和琴键相处。和他在学习游泳上的表现一样，他对音乐的悟性同样惊人。奥运会时，只学了一年钢琴的他就上了北京电视台的《唱响奥运》节目，当着刘德华的面，弹了一曲《梦中的婚礼》。接着，他弹着钢琴，与刘德华合唱了一首《天意》。

在《中国达人秀》的现场，他带着空空的袖管走了上来，坐到钢琴前。那首《梦中的婚礼》响了起来。曲子结束，全场起立鼓掌。当评委高晓松问他这一切是怎么做到的时候，他说了一句："我觉得我的人生中只有两条路，要么赶紧死，要么精彩地活着。"

刘伟凭着自己不懈的努力，创造了奇迹。那么，我觉得：我们现在生活在幸福之中，难道不应该努力去奋斗吗？

最后，送给大家刘伟的一句座右铭：人生中只有两条路，要么赶紧死，要么精彩地活着。

陈平，西汉名相，少时家贫，与哥哥相依为命，为了秉承父命，光耀门庭，他不事生产，闭门读书，却为大嫂所不容，为了消弭兄嫂的矛盾，面对一再羞辱，他隐忍不发，随着大嫂的变本加厉，终于忍无可忍，离家出走，欲浪迹天涯。被哥哥追回后，又不计前嫌，阻兄休嫂，在当地传为美谈。终有一老者，慕名前来，免费收徒授课，学成后，辅佐刘邦，成就了一番霸业。

都知道梦很美好，也懂得这梦成为现实后会更加令人兴奋。我们一次又一次地目睹名人光鲜亮丽的身影，我们一遍又一遍地讨论着他们丰富精彩的生活，我们不知有多少次读过他们的成长的故事。可有时候，我们只是把他们当作故事，感觉这种事情与我们相隔千山万水，他们是神一样的存在，而我们只是凡人，我们认为自己只有崇拜的份儿，而未真正考虑过要做他们那样的人。根本原因是我们不愿意走追梦这条路，这条路的艰辛让我们望而却步。我们一想到通往梦想的路上充满这么多的惊险，充满这么多的不确定性，我们的心里就下不了前进的勇气。我们舍不得丢弃现有的安逸，我们怕将来一无所有。这种怯弱的心理使我们的目光总是看得不远，我真希望，每个人都有放手一搏的勇气，因为梦是美的，如果不追也只能是梦。

学会尊重周围的人

整个社会都在教育我们，要我们学会尊重每一个人，我们也试图这样做。可是在我们内心深处，还是不自觉地把人分为三六九等。我们对于那些比我们有能力的人，总是展现出一种仰望的心态，而对于那些自认为不如我们的人，我们打心眼里瞧不上。说白了这就是虚荣心作怪，我们深切地明白，哪些人爱着我们，哪些人对我们帮助最大，哪些人根本就无视我们的存在，可是我们平时并没有因为这些而区别对待给予其应有的尊敬。

先说说自己的父母，这个社会上无论你承认还是否认，父母爱你都是天下第一位的。这种死心塌地地爱、不图回报的爱，也只有父母能给予我们。可是我们对父母的尊重会高于其他人吗？有些人是这样，他们从小就被教育或耳濡目染，对自己的父母非常尊重。但也有些人，心里也爱着自己的父母，也知道父母对他来说有多重要，可平时表现的总是对父母大呼小叫。一有不顺心的事或看父母所做的不符合自己的意思，就对父母大发一通脾气。也只有父母你敢肆无忌惮地发脾气，也只有父母对你的脾气没有任何怨言。正因为如此，我们时常把父母当成不良情绪发泄的垃圾桶。试想一下，我们敢这样对待自己的朋友吗？我们敢这样对待自己的上司吗？甚至我们敢这样对待自己的妻子吗？答案是否定的，我们不敢，他们给予我们的爱不及父母的万分之一，我们却把恶言的百分之九十九给了我们的父母。

　　如果真是如此，我想说醒一醒吧，重新拾起对父母的尊重，重新检讨我们自己，这样爱我们的人不会一直存在。老师教育我们要学会感恩，感谢给予我们帮助的人，而给予我们最大爱，最大帮助的人，我们感恩过吗？如果没有那就从现在开始吧，再晚就来不及了。

　　我们公司有一保洁员，专门负责整理花草。要说与保洁员的交集以前还真没有过，可我们的这位保洁员与众不同之处在于，她在工作时身后老是背着一个婴儿，可能是家庭条件不是太宽裕，必须要工作，又没人给带孩子，因此自己背着孩子打工。看着也挺让人心酸，其他同事都不会对这样一位保洁员说些什么，更别提什么印象了。可是由于这小婴孩和我自己的孩子年龄相仿，因此在我上班时，总会逗一逗这个小孩子。这小孩子确实惹人喜爱，非常的乖，有人一逗他，他就乐呵呵地笑不拢嘴，保洁员见有人这么喜爱她的孩子十分高兴，自然也免不了交流几句，时间一长也算是熟人了。

　　一天专门去县城取快递，快递公司给我的地址怎么找都找不到，打听当地人，他们说的方言我一句听不懂，真是急死我了。说来也真巧，在小巷子里乱转时，刚好碰到那位带孩子的保洁员。她今天休班正带孩子溜达呢，她问我这么着急找啥呢。我说明了缘由，她说她是当地人，对这小县城熟悉得很。于是带我去取快递，我也不知道走了多少路，拐了几个胡同才到达取快递的地方。我非常感谢她带给我的帮助，如果没有她的帮忙，我还不知道折腾到啥时候呢。她说这有啥，我们是朋友，在整个公司，其他人对我们保洁员连正眼都不瞧一下，而我却对她的孩子那么的喜爱，她感受到了一种尊重，感受到了一种信任，这让她很开心。

　　通常我们对于一些新闻上的报道，关于某某身价千万，可是老了闲不住，又去当环卫工人去了，又去干了保安，于是我们投去敬佩的目光，路过他们的时候，我们总会以一种赞美的神情望着他们。为什么会这样，因为我们知道他们的身价。假如我们不知道他们的身份呢，假如他们就是纯粹靠当环卫工人、保安来养活自己，我们还会这样吗？我想这个问题肯定就不会统一了。为什么都是环卫工人，都是干保安，谁也不一定比谁干得好，我们却以不一样的态度去视人，说到底，我们内心仍存在贫贱富尊的思想，我们受周围环境的影响，当然也有我们自身的原因。如果我们认识到了这一点，我们就逐渐地改掉吧。谁都不易，我们自己也不是跟狗一样的讨生活吗？我们不比其他人高贵什么，别人的生活说不定比我们的更精彩。用一颗善心看待周围的人，看待周围的事，我们生活压力才会更小些。

再说一些平常人平常事所受的尊重的例子吧，我们从中也学习学习，受受教育。听说过这样一个例子吗？一年毕业季，大家都在忙着找工作，有一位同学平时放荡不羁，整个四年没有获得一张荣誉证书并且成绩几乎都处于班级倒数水平。一天这位同学拿着非常不起眼的简历参加了一个公司的面试。那家公司本身没有多少人前来应聘，所以他直接将简历交给了面试官便坐下来准备应答面试官的问题。面试官翻了翻他的简历用轻蔑的口气对他说，你太优秀了，我们公司不敢要你。那位同学听后愣了一下随后便离开了。半个月后，那位同学来到人才市场看到了当初应聘他的面试官，那位面试官也拿着简历四处求职。那位同学见到面试官嘴角露出微微一笑。原来那天面试完，那位同学打电话到了公司总部，投诉了那位面试官对他的轻蔑态度。并且告诫公司派这样的人来招聘人员，不仅招不到员工，而且还会对公司的形象造成极大影响。因此面试官被辞退了。

我们身边虽然有很多人看起来并不优秀，甚至没有一处闪光点，但这不能成为人们轻视他们的理由，每个人都是有尊严的，尊重他人便是尊重自己。

再给大家讲一个既熟悉又有深刻教育意义的故事。纪晓岚有一天去游五台山，走进庙里，方丈把他上下一打量，见他衣履还整洁，仪态也一般，便招呼一声："坐。"又叫一声："茶。"意思是端一杯一般的茶来。寒暄几句，得知对方是京城来的客人，方丈赶忙站起来，面带笑容，把他领进内厅，忙着招呼说："请坐。"又吩咐道："泡茶。"意思是单独沏一杯茶来。经过细谈，当得知来者是有名的学者、诗文大家、礼部尚书纪晓岚时，方丈立即恭恭敬敬地站起来，满脸赔笑，请进禅房，连声招呼："请上坐。"又大声吆喝："泡好茶。"又很快地拿出纸和笔，一定要请纪晓岚留下墨宝，以光禅院。纪晓岚提笔，一挥而就，是一副对联：坐，请坐，请上坐；茶，泡茶，泡好茶。方丈看了非常尴尬。

孔子这位至圣先师不仅中国人熟悉，恐怕就连世界上其他国家的人也没有几个不知道，他尊师重教的故事更是传为美谈。公元前521年春，孔子得知他的学生宫敬叔奉鲁国国君之命，要前往周朝京都洛阳去朝拜天子，觉得这是个向周朝守藏史老子请教"礼制"学识的好机会，于是征得鲁昭公的同意后，与宫敬叔同行。到达京都的第二天，孔子便徒步前往守藏史府去拜望老子。

正在书写《道德经》的老子听说誉满天下的孔丘前来求教，赶忙放下手中刀笔，整顿衣冠出迎。孔子见大门里出来一位年逾古稀、精神矍铄的老人，料想便是老子，急趋向前，恭恭敬敬地向老子行了弟子礼。进入大厅后，孔子再拜后才坐下来。老子问孔子为何事而来，孔子离座回答："我学识浅薄，对古代的'礼制'一无所知，特地向老师请教。"老子见孔子这样诚恳，便详细地抒发了自己的见解。

给你讲一个业务员的故事。这位业务员的主要工作就是为强生公司拉主顾，主顾中有一家是药品杂货店。每次他到这家店里去的时候，总要先跟柜台的营业员寒暄几句，然后才去见店主。有一天，他到这家商店去，店主突然告诉他今后不用再来了，他不想再买强生公司的产品，因为强生公司的许多活动都是针对食品市场和廉价商店而设计的，对小药品杂货店没有好处。这个业务员只好离开商店。他开着车子在镇上转了很久，最后决定再回到店里，把情况说清楚。

走进店里的时候，他照常和柜台上的营业员打过招呼，然后到里面去见店主。店主见到他很高兴，笑着欢迎他回来，并且比平常多订了一倍的货。这个业务员对此十分惊讶，不明白自己离开店后发生了什么事。店主指着柜台上一个卖饮料的男孩说："在你离开店铺以后，卖饮料的男孩走过来告诉我，你是到店里来的推销员唯一会同他打招呼的人。他告诉我，如果有什么人值得同其做生意的话，就应该是你。"从此店主成了这个推销员最好的主顾。这个推销员说："我永远不会忘记，关心、尊重每一个人是我们必须具备的特质。"

关心别人、尊重别人必须具备高尚的情操和磊落的胸怀。当你用诚挚的心灵使对方在情感上感到温暖、愉悦，在精神上得到充实和满足，你就会体验到一种美好、和谐的人际关系，你就会拥有许多的朋友，并获得最终的成功。

在美国，流传着这样一个真实故事。一天下午，一位穿得很时髦的中年女人带着一个小男孩走进美国著名企业"亚联集团"总部大厦楼下的花园，他们坐在一张长椅上，女人不停地在跟男孩说着什么，一脸生气的样子。

不远处有一位白发苍苍的老人正在打扫垃圾。小男孩终于不能忍受女人的大声责骂，他伤心地哭起来。女人从随身挎包里揪出一团白花花的卫生纸，为男孩擦干眼泪，随手把纸丢在地上。老人瞅了中年女人一眼，中年女人也满不在乎地看了老人一眼，老人什么话也没有说，走过来捡起那团纸扔进一旁的垃圾桶。女人不停地责骂，男孩一直都没停止哭泣，过了一会儿，女人又把擦眼泪的纸扔在地上。

老人再次走过来把那团纸捡走，然后回到原处继续工作。老人刚刚弯下腰准备清扫时，女人又丢下了第三团卫生纸。就这样，女人最后扔了六七团纸，老人也不厌其烦地捡了六七次。女人突然指着老人对小男孩说："你都看见了吧！如果你现在不好好上学，将来就会跟他一样没出息，做这些既卑贱又肮脏的工作。"老人依旧没有动怒，他平静地对中年女人说："夫人，这个花园是亚联集团的私家花园，按规定只有集团员工才能进来。"

女人理直气壮地说道："那是当然，我是'亚联集团'所属一家公司的部门经理，就在这座大厦里上班！"边说边拿出一张名片丢在老人的身上。老人从地上捡起名片，扔进了垃圾桶。并且从口袋里掏出手机拨了一个电话。女人十分生气，正要理论时，发现有一名男子匆匆走过来，恭恭敬敬地站在老人面前。老人对男子说："我现在提议免去这位女士在'亚联集团'的职务！""是，我立刻按您的指示去办！"那人连声应道。老人说完后径直朝小男孩走去，温和地对他说："人不光要懂得好好学习，更重要的是要懂得尊重每一个人。"说完后，就朝大厦走去。

中年女人由生气变成了惊呆，她认识这个男子，他是亚联集团所有分公司的总监。"你，你怎么会对一个清洁工毕恭毕敬呢？"她惊奇地问道。男子用同情的眼光对女人说道："他不是什么清洁工，而是亚联集团的总裁。"中年女人一下子瘫坐在长椅上。在这个故事中，中年女人从始至终都没有正眼看过老人一眼，她除了不尊重老人的劳动果实，更重要的是不尊重老人的人格，结果就可想而知了。

我们尊重平凡的人，不是怀着一颗获取的心，而是提高我们的修养，并影响我们的家人。只有我们尊重别人，才会得到别人的尊重，才会在无意中获取什么，才会在偶然中不会失去什么。

努力就好

在闲谈中，我与我的学生讲了很多励志的故事，激励他要有伟大的抱负，要有克服艰难险阻追求梦想的决心。这当然是对的，因为这是一个很积极的人生态度。但一个人的奋斗过程中总是充满了挫折，我们可能在一生的努力中，大部分时间都处在同一个阶段、同一个水平，不上不下的。我们怎么办，难道我们的日常生活就要在万分苦难中度过吗？当然不是。我们或许终其一生都是一个普通的人或大部分的时间都在过着普通人的生活，这该怎么办呢？难道我们就因为我们的大梦想未实现而压抑吗？肯定也不是。我们虽不安于现状，但我们也要满足于当下的状态，我们要把我们的每一天都过得很精彩。

当别人开着高档汽车在我们身边呼啸而过，我们骑着自行车也一样很潇洒。不要妄自菲薄，我们努力过，而且还在努力，这样就够了。不要给自己太多压力，只要努力了，生活就是精彩的，我们和那些名人无高低贵贱之分。经过我们的努力，我们能自食其力，家人也很健康，这不挺好、挺幸福吗？

向往更高级的生活当然没有错，但当一切还未来临时，我们要满足于眼下的幸福生活。让我们活得淡然、洒脱一些，只要努力过就足够了。一位老师平淡地育人一生，你能说人家不伟大，人家也在勤勤恳恳地教书，人家也非常努力，当然人家的一生也是精彩的。只要我们怀着的不是一颗消极的心态就好，结果很重要，但不是最重要的。我们要满足于当下，只有这样，在我们的人生大部分时光，才会充满阳光。

　　我曾经有一位同事，以前我对他的思想态度很不屑一顾。他毕业的学校不好，非常满足于现在的生活，每天过得很开心，整天盘算着什么时候贷款买套房，什么时候贷款买辆车。我总嘲笑他井底之蛙，没有见过什么大的世面，把自己的世界局限于这么小小的一个单位，而从未听过有什么大的抱负。但有一点我承认，他工作很踏实，也很努力，没过多久就升职了。现在想想，他就是凭着自己的脚踏实地、乐观的生活态度、对自己工作的喜欢，而一步步地改变自己。有些人倒是很有底气，整天对自己的单位看不上眼，一门心思地想要跳槽去开创自己的事业，工作上的事漫不经心，冥思苦想了几年，自己异想天开的计划也没有实现一步，而自己的工作成绩更是毫无特色可言。久而久之，在这种自认为的怀才不遇的困苦之中，渐渐地变成了一个平庸之辈，这也是最可怜的。

　　前节说了有梦想挺好，梦想可大可小，只要是能让自己开心愉悦的梦想就是一个好梦想。不管结果是好是坏，只要我们努力过了，我们赞赏自己的努力态度。我们无论身在何处都要开心幸福，这才是最重要的。别人不吃惊于我们的大梦想，我们也不应不屑于别人的小梦想，任何人都在为自己想要的幸福打拼，任何人都在为自己想要的生活努力，这才是最重要的，这才是最应提倡的。

　　努力没有失败，努力过就是成功，我们不要在乎别人的看法，能改变的恰恰是我们自己。坏人的生活不在于别人的罪恶，而在于我们的心情变得恶劣。只有我们自己才能看出我们的付出，请为自己的努力加一下油，鼓一下掌。让生活变好的钥匙不在别人手里，而是我们自己掌握着，放弃无谓的怨和恨，美好的生活就唾手可得。我们主观上本想好好生活，可是客观上却没有好的生活，原因是我们对自己的努力不够尊重。人生是如此的短暂，我们哪有机会去浪费呢，努力过了，没有达到自己的期望值，我们就不开心，若是如此，我们的一生岂不要在灰暗中度过。

　　学会欣赏自己，学会认可自己的努力，这样才会拥有获取快乐的金钥匙。学会自己欣赏自己，等于拥有了获取快乐的金钥匙，欣赏自己不是孤芳自赏，欣赏自己不是唯我独尊，欣赏自己不是自我陶醉，欣赏自己更不是故步自封，这是要让我们学会自己给自己一些自信，自己给自己一点愉快，自己给自己一

脸微笑。这样何愁我们努力的人生没有快乐，何愁过得不充实呢。

　　我们追求梦想，并把梦想照进现实的目的，不就是要追求一种幸福，一种满足吗？我们努力了。我们就应该是幸福的，感觉幸福才是真正的幸福，许多人都在刻意追求所谓的幸福，有的虽然得到了，其代价却是巨大无比的，我不知道这种幸福还能叫幸福吗。幸福感随满足程度而递减，与人的心境、心态密切相关。

　　只要尽力了就好，因为竭尽全力了。悲观的人们，总是埋怨着什么，当火车再次到来时，就踏上吧，不要再问类似于方向的问题。在迷茫的沙漠中，悲观者说："走不出去了。"打着失败的号子走在沙漠中，不曾盼望过，如同失败的人站在火车站问："火车去哪儿？"记住千万不要站在火车站问这种问题。

　　好比一场跑步比赛，你只要尽力了就好，哪怕这不是你的强项，但是你已努力过了。这也是一次机会，你只要把握住了，不放弃，努力过就好。

树立正确的人生导向

《生活大爆炸》这部红透全球的美国喜剧想必大家都看过，大家从中能看出什么，只是一些诙谐幽默的语言风格，还是演员们精湛的演技。我们是否能从中看出一种美国文化，一种美国的科学文化。美国这个国家不用我介绍了，这个超级国家在经济、文化、科技、军事等都是其他国家无法抗衡的。可就是这样一个发达开放的国度，我们从这部喜剧中却可以看出一丝美国科学家生活的常态。虽然是虚构的场景，但艺术毕竟来源于生活，我们大约还是能从中看出美国科学家的一丝身影的。

这部喜剧中所出现的年轻人几乎都是年轻的著名科学家，在著名的大学里做研究，并且做出了一些很有影响力的成果。我想这些人如果是放在中国，肯定是各大高校、研究机构争抢的红人。但是看起来他们的生活与他们的身份不太适应，几个人合伙租一套电梯都坏掉了的公寓。在家里每次吃饭也几乎是定外卖，在学校里吃食堂，甚至他们没有自己独立的办公室。休息的时候打打游戏，逛逛漫画店，真是让人感觉又天真又感动。感动于他们生活的纯粹，不追逐金钱，不向往奢侈的生活方式，不为外界的其他事物所干扰，单纯地做着世界上顶级的科学研究。为了得出一个结论，为了搞清一个问题，不吃不睡、疯疯癫癫。这种为追求自己所从事事业高峰的精神，难道不足以让我们感动吗？这一切的作为不应该是很简单，很理所应当的行为吗？

我现在想，假如中国有一群如此聪明、才华横溢的年轻科学家，他们会安于这种生活状态吗？答案肯定是不会。如果中国有这些人，你不给他一套大别墅，你不给他一套独立的办公室、实验室，你不给他配几个助手，你不给他巨额的科研经费，他还不吐血，还不撂挑子。我们该批评谁呢，绝大多数中国人都是如此，甚至连我们自己或许都属于这种人。问题出现在哪儿呢？出在了我们整个社会就是一个逐名追利的社会。当官的不好好当官，搞研究的人不好好搞研究，做老师的也一天到晚地不安分，大家一门心思地追求着影响力、权利、金钱。这么做的目的就是为了获得一定的社会地位，说白了所有的目标最后都指向一个方向：荣华富贵。而这种追求的欲望没有尽头，金钱多了还想再多，名大了还想再大。自己都不知道自己的名利要积累到什么程度，唯独没有把自己所从事的事业定一个高度，就是定了，也是为自己的名利服务的。

现在的师德败坏、贪污腐败、学术腐败，让我们这些平民百姓真是失望到了极点，每每出现这样的情况，我们都会痛彻心扉。

师德败坏的闹剧总是在一幕幕上演：教师乱施体罚的报道耳熟能详，教师向学生索要财物的现象信手拈来，教师凭借自身权力强迫学生补课的例子举不胜举。教师，你怎么了？

曾几何时，教师曾被人们认为是太阳底下最光辉的职业，他肩负着开发民智、为国育人的重要使命。早在古代就有"一日为师，终身为父"的训示，更有"师者，传道、授业、解惑也"的职业操守，可今天，一切的光环都已远去，在很多人眼里，教师几乎已与小丑画上了等号，行为与语言不对等，外表和内心错位：满口无私奉献，实际斤斤计较；外表关爱学生，内心蔑视学生；教给学生一视同仁，私下里把学生划分成三六九等；当面要求学生诚实，背地里自己却无半句实话；批评学生打架骂人，转脸自己就对同事破口大骂。教师，你到底怎么了？

要回答这个问题，其实我们只需把目光从教师身上移开，投向整个社会。你看，社会上拜金风气如此盛行：为了获取金钱，人们往往不惜一切代价，为了钱可以放弃健康、名誉、生命。人与人之间的交往，也都染上了铜锈色，有时甚至包括亲情、爱情；对权力的崇拜更是无以复加，可以说是顺我者昌，逆我者亡，几乎所有人都拜倒在权力的魔杖下，买官卖官随处可见，投机钻营无处不闻。各行各业，无不凭借自身的垄断性资源寻求利益，设关做卡，巧立名目，吃拿卡要，还要寻找种种冠冕堂皇的理由来愚弄百姓。在这样的社会背景下，想叫教师洁身自爱，怎么可能呢？当然，我并没有为教师的不良行为辩解的意思，因为教师的不良行为造成的后果确实很可怕，直接关系到我们纯真的孩子。孩子的心灵是一片净土，容不得一点的亵渎和玷污，也正基于此，人们才对教师的行为更为关注，才对教师的种种劣习深恶痛绝，谁能容忍自己的孩子有一个行为不轨的教师呢？所以人们一旦发现孩子的老师有问题，那种愤怒是可想而知的。

现实社会对权力的迷信，对金钱的追逐，又会瓦解所有人的意志，当然也包括教师。我们生活的这个社会，人们评判一个人的价值标准，只是依据他所拥有的物质财富；没有人关心财富的来源，这也可以说成是英雄不问出处吧，但正是这种价值取向，使人颠倒了黑白，倒置了美丑，于是人们挖空心思谋取利益，只问结果不择手段。毫无疑问教师也会受到这种不良风气的影响，为了获取金钱，他们最终把手伸向自己的学生，干出了种种败坏师德的丑事。

2006 年发生了震惊全国的原中共中央政治局委员、上海市委书记、市长陈良宇受贿、滥用职权、非法挪用社保金、玩忽职守案。涉案金额高达上百亿元，多名厅级高官和国企负责人落马。2008 年发生了国美集团原董事长黄光

裕操纵股市、非法挪用资金、行贿、洗钱的经济案件。2009年又发生了重庆市公安局原副局长文强受贿、巨额财产来源不明、为黑社会充当保护伞、强奸玩弄女性的案件。

为什么会出现如此多的腐败案件呢？关键是我们的价值观出了问题。价值观念以价值信念为基础，对行为主体的行为具有鲜明的指向性，行为主体一旦形成某种特定的价值观念，就会表现出相应的行为选择。因此，腐败行为主体的价值观念错位其实是腐败行为的主观认知因素。在这种贵致富随的致富思想的引导下，国家公职人员发现了致富的方法，富人们找到了显贵的途径。特别是在今天的社会中，国家公职人员并不很富，富人社会地位不高，贵者盼富，富者求贵，在贵致富随的思想的驱动下，二者一拍即合，形成了腐败的一种形式——权钱交易。享乐主义、金钱至上、自私自利在一些国家公职人员的思想中扎根蔓延，使他们的价值观和行为准则扭曲变形。这些人崇拜金钱，向往荣华富贵，把花天酒地、一掷千金视为阔气，把贪污受贿、投机取巧、欺诈行骗、视为会混事，把养情人包小蜜视为有本事、懂生活。不择手段地谋取位子、房子、票子，追求奢侈淫逸的生活方式。

腐败增加了公共投资，这主要涉及政府出资或援助的公共投资中的腐败损失，还包括国有企业事业单位投资、购销合同中的腐败损失，其中表现最为突出的就是许多大型的公共投资中的"豆腐渣工程"和违背经济规律的中看不中用或建成之日就是亏损之时的"标志工程"、"形象工程"。这种腐败工程带来的经济损失是巨大的。

另外腐败造成政府信誉的丧失，政府在公众心目中的诚信度一旦降低，外商就不敢来投资，大量的社会资源、自然资源不能利用，造成浪费，形成潜在的损失，因此说腐败是社会的第一顽疾。

学术的意义在求真，诚实、严谨的治学态度是基本前提，因此，学术是人类社会活动中最纯净的领地，然而，随着"腐败"这个词在中国可以与任何东西联系在一起，学术也不再是一方净土，而"学术腐败"，则迅速成为一个高频率出现的词。

抄袭剽窃、造假、诈骗、权钱交易、招生黑幕……近年以惊人的速度增加，人们把这些发生在学术界，性质不同的问题统统称之为学术腐败。或许，官员腐败一定程度上是发展中国家的通病，而中国的学术腐败则可能已达到无出其右的地步。

《南方周末》2月13日报道，26名青年科学家联名呼吁严惩某些弄虚作假的海外人士。代表人物是科大生命学院的姚雪彪博士，他同时获得数项基金资助，控制数百万经费。却从未严格遵守工作合同，非但如此，姚曾在美国供职机构被控蓄意破坏同事的实验，哪里还有一点点学术的气味？

商业欺诈作为一种社会普遍现象的时候，打着学术的名义进行商业欺诈并不奇怪，而大批重量级的专家卷入其中为之助威，甚至直接召开讨论会做假证，则前所未见。在金钱面前，从来没有这么多专家学者被打倒、收买。

而"基因皇后"陈晓宁带回三大基因库事件，则集个人学术经历做伪兼商业欺诈于一体。当它被包装上爱国的外衣时，其欺骗性也达到了极点。缺乏辨别力的媒体热情积极地参与其中炒作，骗子成了伟大的爱国英雄。当骗局被拆穿时，一切责任全部又被推卸到了媒体身上。中国媒体与骗子集体开了全国人民一个天大的玩笑。

一个社会的学术状况是其文明水准的最重要尺度，它不但是科学文化水平的反映，也是整个社会道德良知水平的标杆。学术界的道德水平是整个社会的最高代表，同时也是最后底线。尽管以学术为职业，第一要求就是诚实。大面积出现学术腐败，标志着整个学术界的道德滑坡。

面对惊人的学术腐败，许多学者惊呼学术腐败将突破学术的道德底线，已到了必须加强学术道德建设，重建道德秩序的时候了。学术腐败的根本原因不是组成学术界的个人道德出现了危机，道德危机是其结果而非原因。

学术是神圣的，但无法要求从事学术工作的人都做道德圣人，缺少了内部和外界的有效监督、制约和有力的惩罚措施，"学术腐败捷径"的示范效应将轻易地冲垮道德的堤坝。关于学术腐败，在某次高校调查中，有近３０％的学生同情抄袭剽窃现象。可以想象学术腐败已经有了怎样的观念土壤，想要形成有效制约学术腐败的局面有多难。

科研经费的乱象已经到了令人愤怒的地步。从这几年曝光的科研腐败案例

中可以看到，造假套取科研经费的手段五花八门，包括用学生身份证冒领劳务费，以差旅费、办公经费等名义开具虚假发票、编造虚假合同、编制虚假账目等。

吃喝玩乐、买东西，只要发票是合法的就能报，哪怕买的是热水器；几万块钱的打印纸发票，不管用途都可以报。劳务费表面上发给参与课题的所有人，很多情况下是一个人弄到手。

为什么现在很多学生把老师叫作老板？因为一些高校老师承接了很多国家项目，都是学生打工。科研经费里明明有劳务费，但根本不会给学生，即使给了，学生也不敢要，还要熬着拿毕业证，靠老师的关系找工作。一些大学教授申请下课题费，用于请客吃饭、家里开销，并没有用到科研上。甚至有人拿去买房、买车。

现在这个社会无论从事什么工作，无非都指向一个目标，挣更多的钱，得更多的利。我们的人生导向完全偏离了正轨。教书的为什么不把心思一心扑在教育学生上，为什么不把教出更多的优秀学生作为自己人生最大的荣誉；政府官员为什么不把执政为民作为自己的人生信条，为什么不把为人民谋福祉作为自己精力的全部付出；科研工作者为什么不能把在学术上取得的最高造诣，当成最快乐的事情。我所说的这一切，并不是什么高大上，也不是什么官样文章，而是切切实实的，因为这就是我们的工作啊。这是我们所选择的人生道路，我们理应把该做的做好。我们不是企业家，我们不是商人，创造财富的事不是我们的职责。一个国家想要兴旺发达，一个民族想要屹立世界，我们就应各司其职，干好自己本分的工作。这才是一个社会应该有的理想现象，只有这样我们才会过得快乐、踏实。人人以自己从事的工作为荣，人人以在本行中所取得的巨大成绩为荣，人人看淡金钱，看淡名利，只有如此，我们才不会焦虑。

专注于自己所从事事业的追求，只有这样我们才会有实现自己人生价值的最大感受。人活着要有追求，不然活着就没有奔头。奔什么呢，无外乎就是奔"名"和（或）"利"。"淡泊名利"看似与追求刚好相反，但意义却不一样。既然说淡泊，那就是一种选择，是一种理智的选择。"淡泊"显然并不是力不能及，也不是洋洋自得，更不是大材小用的哀叹。"淡泊"就是超脱世俗的诱惑和困扰，真真实实、豁达、客观地看待生活的一切。人生并不复杂，简单到只有"生、死"两个字，由于人生中始终贯穿着命运的浮沉、人情的冷暖，才使得简单的过程变得纷繁复杂。淡泊名利是一种学会控制自我的人生智慧。

名利观上的偏差，客观上讲是改革开放以来，社会经济条件发生了巨大变化，给人们的思想观念带来了很大的冲击，引起部分人心理失衡的结果。而从主观上来分析，则是缺乏责任感。一个人要有正确的名利观，就要有远大的理想和目标。如果心中没有远大的目标，势必只会看重眼前的利益。历览古今中外无数英雄人物的精神境界，不难发现，只有视事业重如山，才能做到看名利淡如水。另外，还要善于控制自己的欲望。俗话说：人到无求品自高。名利本身并不是人生追求的最终目标，但在物质生活越来越丰富的情况下，金钱、名利对人的诱惑就会越来越强烈。如果抵御不了这种诱惑，就可能走上不归路。人生一世，始终会与名利相伴，选择什么样的名利观就选择了什么样的人生，选择贪婪就选择了低俗，选择淡泊就选择了高尚。若想不为名利所累，其实也简单：视之越重，害处愈大；视之越轻，益处愈多。因此我们应该看淡一些这个世界上的浮夸事物。

人的一生很短暂，我们应该怎样过好这一生，我们要给我们的子孙后代做一个什么样的榜样。我们是否有自己的定义，我们能否不被这个浮躁的社会牵着鼻子走。做好自己的追求，让那些名利远离我们自己。我们不屑于物质的东西，让我们活得真正的清高。我们把那些炫名炫利的东西真心地看作是小丑在表演。我们为自己所拥有的感到真正的快乐，我们为自己所取得的感到自豪。我们满足于我们不是一个轻浮的人。

健康饮食（之二）

合理的饮食方式，在不同的场合、不同的时间多次聆听过，媒体以不同的方式警告过我们，专家学者也通过各种渠道向我们宣传。但迄今为止，我们都发现收效不大，人们还是怎么喜欢怎么吃，吃什么感觉痛快，就毫无顾忌地吃，完全把各种危害抛于脑后。

一日三餐都在家里解决的相对好些，因为家里做的饭食相对安全很多。但是对于一些学生或参加工作的寄宿者或单身者，饮食就极为不规律。饿了就吃，不饿就省了，喜欢吃的猛吃，不喜欢吃的一点不碰。经常吃一些烤炸类的食物，顿顿不离酒不离烟，饮食方式相当随意。

先说一说早餐吧，当今这个社会有多少人会吃早餐呢？这真的是一个大大的问号。吃早餐的人也没感觉出来有什么好处，不吃早餐的人也没体会出有啥坏处，反而还洋洋得意，认为既省了时间，又省了金钱，简直是双赢。有这种双赢观念的人，我只能说你高兴得太早,让我们先看一看专家的说法,你再得意。

早餐对于身体健康的重要性大多数人都清楚，但现代都市人生活、工作节奏加快，早餐很容易被一些学生或上班族忽视。特别是一些年轻人，对早饭的重视程度是远远不够的。因为一天的工作和学习大多集中在上午，需要消耗大量脑力和体力，当然需要提供足够的营养和能量，所以在生活方式上应把早餐放到较为重要的位置。

一般情况下，上班族要依靠早餐提供足够的热量和营养素来完成从早晨到中午之间三四个小时的工作。如果只是短时间内不吃早餐，还看不出来对身体所造成的影响，如果长时间空腹开始上午的工作和学习，那就会对身体造成伤害了。

有关专家分析认为，人体所需要的能量，主要来自糖，其次靠脂肪的分解氧化。早饭与头一天晚饭间隔时间比较长，胃处于空虚状态，不吃早餐会使人体血糖不断下降，造成思维混乱、反应迟钝、精神不振。另外，不吃早餐易引发胆结石。因此，吃早餐十分重要。一般来说，早餐营养量须占全天营养量的 1 / 3 以上，一般以糖类为主，同时还应有适量的蛋白质和蔬菜。

那么早餐应该怎么吃呢？有关专家介绍，虽然人们的年龄和各自的体质状况是不同的，但是对早餐的要求大体是相同的，那就是对早餐要搭配合理，以满足人体的营养需求。早餐也应包括主食和副食。主食最好以蒸、煮的食物为主。副食有肉、菜、蛋以及牛奶或者果汁。尽量少吃油炸的食物。如果早上不吃主食，光吃鸡蛋或者牛奶的话，可能会影响这些食物里蛋白质的吸收。所以早餐的时候必须要有主食。

不吃早餐对身体有百害而无一利，不吃早餐主要有下面几大危害：

一是不吃早餐精力不集中，情绪低落。经过一晚上的消化，前一天所吃的晚饭已经消耗得差不多了，体内血糖指数较低，这时如果不吃早餐补充能量，就会使以葡萄糖为能源的脑细胞活力不足，人就会出现疲倦，精神难以集中和记忆力下降的症状，反应迟钝。

二是不吃早餐容易衰老。不吃早餐人体就会动用体内储存的糖原和蛋白质，时间长了会导致皮肤干燥，起皱和贫血。早餐提供的能量和营养在全天的能量摄取中占有重要的地位，不吃早餐或者早餐质量不好是全天营养摄入不足的主要原因之一。

三是不吃早餐容易引发肠炎。不吃早餐，午餐必然会因为饥饿而大量进食，消化系统一时之间负担过重，而且不吃早餐打乱了消化系统的活动规律，容易患肠胃疾病。

四是不吃早餐罹患心血管疾病的机会加大。因为经过一夜的空腹，人体血液中的血小板黏度增加，血液黏稠度增高，血流缓慢，明显增加了中风和心脏

病的风险。缓慢的血流很容易在血管里形成小血凝块而阻塞血管，如果阻塞的是冠状动脉，就会引起心绞痛或心肌梗死。

五是不吃早餐容易发胖。不吃早餐，中餐吃的必然多，身体消化吸收不好，最容易形成皮下脂肪，影响身材。

目前各类激素、各种对我们身体有害的物质无孔不入，吃的、穿的、抹得，只要与我们身体挨边的，就有它们的影子。尤其是以吃的为甚，虽然大家一直嚷嚷着，这不能吃，那不能吃，可是自己的嘴巴却一直没闲着，一样也没少吃，因为可怕的危险并没有发生在自己身上，这种侥幸的心理，使自己所行所想永远联系不到一块。在这儿，我只能说你太天真了。癌症随时都有可能与你不期而遇。癌症是我们最可怕的病种，而导致癌症发病率居高不下的就是我们不合理的饮食方式。你相信吗？全世界所有癌症中大约40%是吃出来的，此话并非危言耸听。最新研究数据表明，人类的癌症80%～90%是自己招惹的，其中45%与饮食、营养因素有关，而其他则是由烟酒、空气污染与水污染所致。

因此，专家提醒，抗癌首先是不吃什么，而不是要吃什么。保证"舌尖上的健康"，既可防未病，也可辅助治已病。下面我们说说哪些食物容易引发癌变。

吃得太烫或常吃腌制/熏制食物。进食过烫与食道癌的发生有着密切的关系。人的食道壁十分柔嫩，当进食温度超过50℃～60℃，食道的黏膜就会被烫伤。反复烫伤可构成浅表溃疡，招致慢性口腔黏膜炎症、口腔黏膜白斑、食管炎、萎缩性胃炎等病症。长此以往，就会引起黏膜质的变化，以致癌变。而熏制或腌制的食物，如熏肉、咸鱼、腌酸菜等可产生亚硝酸胺——一种强烈的致癌物质。

烧烤、腌制食品埋下"炸弹"。全世界胃癌高发的主要地方在亚洲，中国的发病率也非常高，占了全世界的40%左右。临床中发现，许多胃癌的患者原先都是一些慢性的胃炎患者，他们普遍存在三餐不规律，喜欢吃腌制和熏烤类食物等情况。特别是以炭火烧烤肉类时，油脂滴在炭火上，会产生有毒性的"多环芳羟"，随烟熏挥发，又吸收回食物中。故吃炭烤肉鱼类时常有一种特殊风味，但此种化合物却是致癌物质。

红肉吃得太多，而果蔬吃得太少。长期喜欢进食红色的肉，如牛、羊、猪肉和动物内脏等食物，而蔬菜水果却摄入不足，将大大增加罹患大肠癌的风险。因为人体在消化这些高胆固醇食物时，产生的胆酸的代谢产物和胆固醇的代谢产物增多，可造成肠腔内厌氧菌增多，这些因素对大肠黏膜上的腺瘤会有强烈的刺激作用。如果一直不改变饮食习惯，经过5~10年的刺激和发展，大肠黏膜上的腺瘤会发生癌变，最终形成大肠癌。而五谷杂粮及新鲜的蔬果都富含纤维质，能促进肠道蠕动，刺激大便快速排出，减少致癌物与肠道接触的时间，并冲淡肠道内致癌物质的浓度，因此纤维素摄取多的人们得肠癌的机会比较低。

发霉食物产生的黄曲霉素是致癌元凶，在我国沿海地区尤其在长江三角洲及珠江三角洲等地发病率最高。究其原因是沿海地区气候潮湿，花生、豆类、米、面粉等粮食制品若贮存不当会产生黄曲霉毒素，这是一种强烈的致癌物（特别是肝癌）。

高脂肪与高热量的饮食。与乳腺癌发生呈正相关，可能与子宫内膜癌、卵巢癌、前列腺癌和胆囊癌的发生有关。此外专家还提醒，不要经常吃有可能致癌的药物，如激素类药物、大剂量的维生素等。不要用有毒的塑料制品（聚氯乙烯）包装食物。

上面说了那么多不能吃或者少吃的东西，那为了我们的健康，我们应该多吃哪些食物呢？

根据中国营养学会的建议及美国健康食品指南，结合我国的国情，可以将合理膳食归纳为"两句话、十个字"，即："一二三四五，红黄绿白黑。"

"一"指每天喝一袋牛奶（酸奶），内含250毫克钙，可以有效地改善我国膳食钙摄入量普遍偏低的状态。

"二"指每天摄入碳水化合物250~350克，相当于主食6~8两，各人可依具体情况酌情增减。

"三"指每天进食3份高蛋白食物。每份指：瘦肉50克；或鸡蛋1个；或豆腐100克；或鸡鸭100克；或鱼虾100克。

"四"指四句话：有粗有细（粗细粮搭配）；不甜不咸；三四五顿（指在总量控制下，进餐次数多，有利于防治糖尿病、高血脂）；七八分饱。

"五"指每天500克蔬菜及水果，加上适量烹调油及调味品。

"红"指每天可饮红葡萄酒50～100毫升，以助增加高密度脂蛋白，活血化瘀，预防动脉粥样硬化。

"黄"指黄色蔬菜，如胡萝卜、红薯、南瓜、西红柿等，其中含丰富的胡萝卜素，对儿童和成人均有提高免疫力的功能。

"绿"指绿茶及深绿色的蔬菜。

饮料以茶最好，茶以绿茶为佳。据中国预防医学科学院研究，绿茶有明确的预防肿瘤和抗感染作用。

"白"指燕麦粉或燕麦片。

据研究证实，每天进食50克燕麦片，可使血胆固醇水平下降，对糖尿病更有显著疗效。

"黑"指黑木耳。每天食黑木耳5～15克，能显著降低血黏度与血胆固醇，有助于预防血栓形成。

除了上面讲的不该吃的、少吃的以及应该合理吃的，下面我们再说一说吃的方式，吃饭时应该注意哪些细节才更健康。

我们每天都在吃饭，有人认为只要吃得好有营养就会对身体有好处，但是真的是这样吗？吃饭中还有哪些值得我们注意的问题呢？怎么吃才能对身体有好处而且还有营养呢？

咸度：盐对健康的危害众所周知，建议大家除了尽量少吃盐，也得减少生活中隐形盐的摄入。首先，有些蔬菜本身含钠较高，烹调时更该少放盐，比如紫菜、茼蒿、芹菜、茴香等。其次，尽量少吃咸菜、辣酱等咸度很高的食物。第三，少吃加工食物，如香肠、烧鸡、罐头、方便面等。最后，烹调时放了蚝油、豆豉、豆瓣酱、甜面酱、番茄酱、味精、鸡精后，要减少放盐量。

量度：吃饭控制量，不仅有助控制体重、保持健康，还能让头脑思维清晰。吃饭时，如果已经感到胃里"满了"，但仍还想吃，就一定要告诫自己停筷子，这种"似饱非饱"的状态最为理想。如果等到一口都吃不下、多吃一口都痛苦时才离开餐桌，一定是吃多了。值得提醒的是，吃饭控制速度有助于把握量度，两者结合，对身体大有裨益。

速度：长期吃饭过快可能会埋下疾病隐患，首先，唾液中的酶可将一些有害物质消解，如果吞咽得太快，唾液酶的作用就会减少很多。其次，牙齿对食物的切割磨碎作用减少，食物颗粒过大，也不利于食物在胃肠道里的消化吸收。同时，吃饭太快就容易吃得多，给胃肠带来消化压力。因此，吃饭时一定要细嚼慢咽，一口饭最好咀嚼 20 次左右，而老年人则应咀嚼 25~50 次，每顿饭的进餐时间最少也要在 15 分钟以上。

硬度：胃肠消化功能不好的人，食材要做得烂一点，便于消化吸收。但做得太烂会损失很多食物的营养，还会加快餐后血糖上升速度，不利于糖尿病人控制血糖。即使是老年人也不能一味吃软食，研究显示，软食过多，咀嚼少，会使老人头脑活力下降，容易患上认知障碍。一般来说，硬度合适的菜肴有三个标准：看上去形状完整，颜色保持原来色调；夹住后感觉有些硬度，一夹就能夹起来；吃起来需要咀嚼几下才能吞咽。

下面举几个例子，告诫大家因不合理的饮食而使身体遭受了重大损失。

小文今年 19 岁，在浙江金华一高校念大二。自从上了大学以后，小文就爱上了吃烧烤，几乎每天下了晚自习都要去"撮一顿"，有时甚至把烧烤当成了主食。近段时间，小文突然发现自己肚子竟然渐渐大了起来，就像是怀孕了一样，这可把小文吓了一跳，到医院一查已是胃癌晚期，而罪魁祸首就是"烧烤"。治疗中的小文经历了一次次化疗后，神色枯槁，面容消瘦，完全没有了花季少女应有的"胶原蛋白感"。已是胃癌晚期的她，正在接受全身化疗和腹腔化疗，情况不容乐观。令人可叹的是，之前竟然没有任何症状。

小雨在省肿瘤医院被诊断为胃癌，她和父母在医院抱头痛哭。小雨告诉医生，考上大学后，她觉得自己辛辛苦苦读书十几年，也该放松放松了，同时住校的生活因为没有父母的约束，也变得自由随性。从大一开始，小雨就迷上了网络，几乎所有的课余时间都是在网吧度过的，通宵上网成了家常便饭，饿了吃碗泡面、啃块饼干，一日三餐几乎都靠零食维持。她经常连续四五天都不吃一顿正餐，偶尔和同学出去聚餐，也是去路边摊吃烧烤，同学劝她吃点主食，她总说"这样挺好，还能减肥。"最近几个月，小雨常常觉得胃部疼痛不适，刚开始自己吃点胃药就能缓解，后来吃药也没有效果了。在父母催促下，她到医院检查，没有想到最终的诊断是胃癌。

最后再讲一点关于经常饮酒过量所造成的身体伤害。从保健方面讲，适量饮酒能兴奋神经，让人产生愉悦的感觉，有提神醒脑、舒筋活血的生理功能，可以松弛血管，改善血液循环，提高人体免疫力，增进食欲，有利于睡眠。最近，国外的研究分析显示，每日饮酒少于 20 克，可使冠心病风险降低 20%，在糖尿病、高血压、陈旧性心肌梗死病人中，也得到同样结果。

适量饮酒对人体有益处，与酒精能升高高密度脂蛋白（可防治动脉粥样硬化发生、发展）、抗血小板血栓形成和提高人体对胰岛素的敏感性有关，对防治冠心病、糖尿病有一定效果。

但是，任何事情都要适可而止，过量饮酒则对健康有害无益。酒的主要成分乙醇，是一种对人体各种组织细胞都有损害的有毒物质，能损害全身各个系统。

研究表明：直接喝烈性酒，或一天喝 4 两以上白酒，大口喝啤酒等，都是容易招致癌症的饮酒方式。

值得提出的是，要避免空腹饮酒。空腹饮酒时，由于胃中没有食物，酒精经胃黏膜快速吸收，直接导致血液中酒精浓度急剧升高，对人体的危害较大，因此在饮酒前应先吃些食物，尤以碳水化合物为佳，因其分解时产生的能量可供肝脏"燃烧"酒精之用。

无论如何，我们应保持一个健康的饮食方式，为自己，更为了家人。

钻研使你的光芒永不褪色

当今社会上的很多人，当经历过一段刻苦努力的时光，取得了一定成绩之后，就会变得按部就班，做什么事情都按照一套成熟的体系，参照原来的经验。你不能说他躺在功劳簿上吃老本，因为他还在工作，而且勤勤恳恳，手忙脚乱，一天到晚不闲着。这种看似勤快的背后，其实隐藏着巨大的懒惰，因为他已经不再思考了。他感觉目前的工作思路很好，他从未想着去革新，甚至他还怕打破这种固定的模式。究其原因是什么，是怕承受心理的那种辛苦。

脑力劳动真的要比体力劳动使人辛苦更多，前提是你真的用脑去思考，去创新了。有些人为得到解决问题的方法，几天几夜不睡觉，有些人为有一个更合理、更高级的工作模式，常常是脸不洗、饭不吃。为什么说在一个单位宁愿动动手、跑跑腿也不愿意去得到一个解决问题的职务。这就可见，脑力劳动要有多辛苦。但话又说回来，只有思考、只有不断地创新，你才可能取得更大的成绩。

要想不断地进步，要想持续地惊人，不动脑子肯定是不行的。当你千辛万苦摸索出一套工作模式，你得到了别人的赞扬，随后你就按照这种模式工作下去，不再想什么改进的方法，甚至不愿听别人的意见，大家看你跑来跑去，感觉你好勤快。事实上，你的成绩已经达到了你的顶峰，你不可能再有所突破。你的成绩，你的规模已经定了型。

或许有人要告诉我，我不是那种有多大抱负的人。我就是一个小富即安，

追求生活安逸的人，这有错吗？任何人都有选择生活的权利，但是生活在当下社会，就如逆水行舟，不进则退，你想保持一个理想状态，可现实会打破你这种幻想。有活力、有创新精神的人层出不穷，你的那套模式，用不了多久就成为一种老掉牙的模式，会很快就被抛弃，到时候你该怎么办。因此只有不断思考，不断改进你的模式，你才能长期生存下去。这需要什么，这需要你动脑子，这需要你钻研。

还是举几个有说服力的例子吧。龙伟彦，一位在华南西餐业中赫赫有名的人物，他的奖项繁多得让人记不住。但听他说起自己的经历却也是充满汗水。

二十年前，他高中毕业，受亲戚的影响，上了夜校，读的是中厨烹饪班，白天帮人看档口。当时，中酒在他所上的夜校招生，于是他报考了中酒。收到录取通知书时，他是喜忧参半，喜的是自己考上了，忧的是学中厨的他竟然被分配到西厨。他当时对西厨的理解是"西边的厨房"。但他现在认为是"歪打正着"，自己是幸运的。他认为不懂西厨还好，这样可以接受别人的意见和建议，因此他现在招收学员也是希望对方如同一张白纸。

刚进中酒，他也是从最低层——帮厨做起。为了多学知识，他申请下班后无偿加班。他博众人之长，善于汲取别人的优点、长处，摒弃不好的东西。面对同事的跳槽，在走与留之间他也犹豫过。但权衡利弊后他决定把心留在中酒这个平台。

学西厨就得学英文，他承认这是个困难而辛苦的过程。他和大多数人一样，上培训班，自己买资料，看电视，反复练习听、说、读、写。功夫不负有心人，从面试时的 APPLE 到现在流利的行业英语他都 OK，但他没有停止学习的脚步。他不满现状，他要活到老，学到老。

他坚持自主创新。美食不如美器，美器不如美感。每一次创新，他都要把同一种菜放在不同的器皿当中反复比较，要让色、香、味、形、感样样俱全。每做一道菜要在原有的基础上充分发挥自己的想象，加上灵感从而有所创新。

不知道大家是否读过《刻苦钻研的居里夫人》这本书。这本书讲述的是波兰被俄罗斯帝国侵占时期，有一天，俄国督学来到了一个教室，指明要一个叫玛丽的小女孩说出历代沙皇的名号，她一下子就把那一串陌生的名字说了出来。

当督学问道，统治我们的是谁，玛利亚一下子愣住了，没有回答他。督学用粗暴的声音问第二遍时，玛丽才怯生生地回答他。当督学离开时，玛丽大喊道，我的国家是波兰。玛丽就是后来的居里夫人，是唯一一个两次在不同领域获得诺贝尔奖的伟大科学家。这一切的成就与她从小就热爱祖国并刻苦学习是分不开的。玛丽与丈夫获得诺贝尔化学奖后又转而进行放射性研究。在她丈夫去世后，居里夫人仍然坚持研究新元素的放射性。由于长期研究放射性，居里夫人得了白血病，直到生命最后一刻还在指导女儿从事这项研究。从这本书里，我们可以看到居里夫人爱国、刻苦求学，不怕困难的精神。在现实生活里，很多人为取得一点点小成就就骄傲自满，故步自封，因此也就错过了继续提高的机会。居里夫人在取得诺贝尔化学奖后，仍然继续努力攀登科学的又一高峰，并再次获得了诺贝尔物理学奖。

毫无疑问，思考让人痛苦，绞尽脑汁更让人痛不欲生，但正是如此，钻研成了最可贵的思想品质。只有这样，我们才能释放最大的潜能。唯有如此，我们才不会落后于整个时代的步伐。我们想要成为别人眼中的榜样，永远地闪闪发光，永不褪色，那就持续地钻研吧。

浅谈明星粉丝现象

现在年轻人，尤其是学生，对影视明星的喜爱简直到了无以复加的地步。尤其是对于一些青年明星偶像的追捧简直到了疯狂的地步。每当哪个当红偶像开个新闻发布会或者某个活动的见面会，你看那一群群疯狂的粉丝，在那儿鬼哭狼嚎地大喊大叫。而明星们被一大群保安甚至警察开道，心满意足地接受万人的敬仰。在机场或某个车站，如果碰到哪个明星路过，粉丝们像疯了一般地围追堵截。我真的不知道，如果是十年未见的父母突然相遇，他们是否会有如此失态的行为。我对这种不可理喻的行为一点也不能理解。

演员、歌手，说实话他们无可指责，他们从事着自己的职业，就像其他人教书、做工一样，都是在为自己的生存、在为这个社会进步做自己的一份分内事罢了。他们受到的赞扬也无可厚非，他们辛苦地拍戏、唱歌，目的就为了丰富我们的业余生活。在我们从事工作休息之余，陶冶一下自己的情操。他们本来就是在从事一份很正常的职业，正常的如同我们所从事的一样。

这个社会上任何人所从事的工作，都是相互补充的，这样才会使我们的生活更为方便。但为什么从事娱乐方面工作的人却如此受青睐，也正是因为所受到的推崇。我总感觉他们为这个社会所做出的贡献与他们所得到的物质报酬和精神方面的赞赏太不成比例了。一个明星出席个明星见面活动，搞得比总统出巡还热闹。哪位明星结婚了，哪位明星离婚了，哪位明星又出轨了，这样的新闻居然能上头条，并且还引得街头巷尾都在议论。我真的想问一句，至于吗？

说得不好听一点，真是浪费公共资源。

有人把盲目追星的这一族群下了一个定义：脑残粉。下面让我们看看这些脑残粉有多脑残吧。

2002年，一名男影迷因未能见到偶像赵薇服毒自杀身亡，行为十分疯狂。他醒来说的第一句话便是："我爱赵薇！"他的左手掌心还写着"赵薇，你成全我吧"，身上更有5张赵薇的照片以及一封遗书。

2006年夏，听闻王菲要退出歌坛，有王菲的歌迷粉丝在网络上的"王菲贴吧"里留言，扬言自杀，以死要挟偶像王菲不能退隐。王菲经纪人被迫无奈不得不发表声明王菲只是因为照顾孩子暂时无暇顾及事业，但是不等于退隐歌坛，才暂时平息歌迷自杀要挟事件。

2000年2月，一名26岁"超级女歌迷"迷恋天王黎明，后被发现在寓所留下遗书吞服大量安眠药自杀身亡，死时手中仍握有黎明主演电影的影带。据悉她因疯狂购买其唱片、影碟欠下20多万元的信用卡债无力偿还。

2002年5月，一名男歌迷耗尽积蓄从四川到达香港，硬闯正东唱片公司求见陈慧琳不遂，拿出一把水果刀架在自己脖子上以死相胁，与警方对峙近3小时，才被劝服弃刀投降。

林俊杰也碰上了一位疯狂的女粉丝。据报道，一位女粉丝为了向林俊杰示爱，竟然爬上高架桥，威胁要跳河自杀，并且她右手还拿着刀。警方后来透露说，该女子被救下以后，还一直在呼喊林俊杰的名字，她随身带着的"遗物"中也全是林俊杰的专辑、照片等，她在一封给林俊杰的信中称，不管是死是活，她永远爱着林俊杰。

林俊杰为此大发雷霆，并且直言不讳地指出，这样的歌迷让他很生气。林俊杰认为歌迷这种疯狂举动完全违背了他做音乐的初衷，更是对不起她自己的家里人。

谢霆锋为专辑《释放》在武汉举办签售会后，一名女歌迷在去机场送完偶像后，突然不知为何跳河寻死，幸亏公安人员及时发现，将她抢救了上来。经询问，自杀原因与偶像谢霆锋离开有关，令谢霆锋听后非常震惊。

罗志祥在台湾高雄做签唱会时，台下有个兴奋异常的女歌迷，为了表示她

对罗志祥的喜爱，突然割腕自杀。当然，歌迷被及时救下，而罗志祥也给吓得不轻，他连连劝歌迷们要珍惜生命，不要做出这样极端的举动来。

2005年12月，一位名叫周枫的17岁偏瘫少年，为了见上周杰伦一面，辗转了十几个省市，一路颠簸到广州，买了一张演唱会的门票，最终得以见到了舞台上的周杰伦。想到自己难以和周杰伦面对面谈话，这位粉丝竟然在演唱会现场当场吞下了安眠药自杀。幸亏众人相救，这位偏瘫少年才捡回了一条命。但是，他这样的疯狂举动却让周杰伦大为光火。周杰伦不仅没有去医院探望他，反而当晚就坐上飞机飞离了广州。周杰伦方面表示，他绝对不会纵容歌迷如此的行为，也绝对不会去看望这样不珍惜生命的歌迷。

杨丽娟从16岁开始痴迷刘德华，看遍了刘德华所有的影片，唱遍了刘德华所有的歌曲，而且还日日夜夜背诵华仔影迷和歌迷组织的《华仔颂》。此后辍学开始疯狂追星。杨丽娟的父母劝阻无效后，筹资供女儿多次赴港、赴京。杨丽娟一家三口借了1.1万元，于2007年3月19日来到香港。在香港观塘"华仔天地"工作人员的帮助下，杨丽娟参加了刘德华参与的一场聚会，得以同偶像合影留念。当夜他们在一个24小时营业的快餐店内落脚。26日凌晨，杨丽娟和母亲一觉醒来后发现父亲杨勤冀不见了，只留下一封遗书。随后香港警方在尖沙咀附近海域打捞到杨勤冀的尸体。杨勤冀在遗书中称，女儿参加歌迷聚会见到了偶像，但刘德华对女儿"和许多人一样"，没有与她单独会面及给予签名，"这不公平"。

上面那几个例子属于比较极端却又比较典型的例子，大多数追星族可能没有他们偏激，但追星的疯狂程度也严重影响了自己的日常生活，更严重的是已经扭曲了自己的价值观。为了见一面自己的偶像，旷课、旷工，从一个城市飞到另一个城市。在机场蜂拥的粉丝相互推搡，相互谩骂，甚至还有的人受了伤。他们的业余生活就是收集明星的生活点滴，张口闭口全是偶像。

产生追星的原因是什么？爱美之心人皆有之，明星大都为俊男靓女，他们或温柔清秀或英俊潇洒，衣着新潮、风度翩翩，以悦耳动人的歌声，高超卓越的演技唤醒青少年的审美心理，打动少男少女本就易受感动的心灵。处于青春期的青少年的心理特点，使他们对未来充满梦幻和憧憬。

青少年时代是一个充满幻想、渴望成功的时代。在这个阶段，青少年对自己的未来有种种向往和追求，他们追求个性发展的丰富、多样，向往事业的成功，幻想赢得别人的好感和赞扬，希望得到异性的垂青，渴望自己有出众的风度和优雅的举止等。但是，如果仅仅靠自己的摸索，是很难获得这样的成功的，于是，那些不能实现自己向往的青少年，就把那些已经取得一定成功的明星作为仿效的榜样。明星们所取得的辉煌成功、优越的生活条件、前呼后拥的气派和大量的掌声、鲜花等，使青少年们羡慕不已，他们希望通过模仿、崇拜明星来改善自己的言行举止和衣着打扮，借助明星们的言行举止和衣着打扮等找到获得成功的捷径，提升自己的价值，追求自己渴望的成功。

一些青少年刻意模仿明星们的作风，收集明星们的信息，把这些作为在一起交往时，炫耀自己的能干、消息灵通的资本，在一起交往时，滔滔不绝、洋洋得意地谈论自己知道的情况，体验到一种自豪感、满足感甚至"成功感"，以提高自己在同龄人中的地位。

青少年时代是一个追求时尚的时代。在这个时期，青少年的好奇心和模仿力都很强烈，他们喜欢标新立异，追赶时髦，只要出现一种新的时尚，就极力

模仿，希望自己赶上潮流，不要落伍。对于青少年来说，这些歌星、影视明星就是创造时尚、领导潮流的代表人物。

青少年时代也是一个充满失意、挫折的时代，他们在追求独立地适应社会生活的过程中，往往遇到很多的困难、烦恼，自己无法解决，但是又不愿把心中的困惑与苦恼向父母或其他成年人倾吐。在这种情况下，那些歌星们演唱的表现青年人生活中的喜怒哀乐、情感历程的歌词的内容，在影视中表演的反映青少年生活苦恼和奋斗成功的角色，使他们感同身受。

在青少年的追星行动中，媒体起了什么样的作用？报纸、网络这些媒体机构，为了钱不厌其烦地充当明星们的吹鼓手，把明星的恶劣的癖好当作"人格魅力"，把明星们的污言秽语当作"诙谐幽默"，把明星们的拙劣举止当作"超凡脱俗"，甚至明星明明是在"破口大骂"，也被恶意地炒来炒去当作"明星效应"。而电视上排山倒海的追星场面，万头攒动的追星会场，千万追星族的疯狂表现，无疑是追星行为的反复正强化，让缺乏独立判断能力的青少年如痴如醉、亦步亦趋，于是就诞生了更加蔚为壮观的追星队伍。媒体的各种"造星运动"无疑为千万的青年观众树立了"榜样"，这就是班杜拉所说的"间接模仿行为强化"。明星模仿秀是对追星行为的火上浇油，使它逐渐演变成了燎原大火。必然寓于偶然，无论是直接造星，还是间接捧星，它必然会助长追星族更进一步的偏执行为、疯狂行为的发生。

如果青少年朋友们也不自觉地深陷追星的境遇中，当你们有机会读到我上面所说的话，希望有所反思。人不能没有偶像，但偶像只能成为我们学习的动力。我们要深刻认识到，我们与偶像生活在两个不同的生活状态。我们有自己的天地，我们有我们真正该做的事。把他们作为一种力量的榜样，在我们自己学习的领域闯出名堂，让自己的生活也同样无限精彩。

平常心看待与别人的差距

山外有山，人外有人，大家都知道这句俗语，即便在山内，也可能出现比你聪明的、比你有能力的。如果碰到这种事情我们该如何处理呢？一是自尊心极强，做什么都争强好胜，在工作面前容不得别人比自己强、比自己聪明，可是自己的能力又确实不如别人，久而久之心里就会扭曲，心生妒忌，总是看人不顺眼，无法正确地面对他人取得的成绩，对于别人的成功从未有一丝真诚的祝福，整天巴不得别人出点事，以解自己的不满之情。说实话这是最不可取的一种心态，也是最害人的一种心态。

第二种人怎么想呢，这种人虽然说不上自卑，你可以说他心态平和，但也可以用胸无大志来形容他。这种人自认为不如别人，别人超越自己很正常，很心安理得地把自己放在一个平凡人的位置。自己的业绩、自己的成绩一般是很正常的。非常羡慕那些顶尖上的人，但从未思考自己如何去超越他们。虽然这种人的心态，要比第一种人相对好一些，但也是不可取的。说白了这种人的人生态度本身就是消极的，说得不好听一点，就是破罐破摔的心态。没有追求，没有理想，整天被迫地做着自己对之毫无感情的工作。

最后一种情况呢，这种人心态非常乐观，他能够很好地欣赏别人的优点，且善于向别人学习，他能够清楚地知道世界上的每个人都不是完美的，从任何人身上都能学到其他人所不具备的东西，善于改善自身的不足。用一种非常欣赏的眼光看待那些比自己工作能力强的人，并会思考他们是如何做到的，他们的工作方式、学习方式有何不同，就这样把别人的优点一点点地积累起来，最终自己也成为成功人士的一员。

我们应该向第三种人学习。这个世界上只有可能，没有绝对，什么情况都会出现，比我们有能力的大有人在，比我们聪明的也不在少数，这是一种事实，不是我们不努力，而是这个世界太大了。这个社会真的很奇怪，我们要做的就是怀着一颗积极平和的心去学习，去不断地学习，使自己不断地进步，这就够了。

"金无足赤，人无完人"，在这个世界上，没有缺点的人和没有优点的人是不存在的，要学会用欣赏的眼光看待别人，用宽容的心去理解他人，多一份友爱，少一些敌对，多一份表扬，少一份批评，这样，你就会感到心境一下子豁然开朗，沐浴更多生活的温暖阳光。

在人生的道路上，你意气风发，总想大步往前走，但是脚下的荆棘在时刻提醒着你，要注意，否则会伤痕累累。于是你有了谨慎的思考和稳健前行的信心，"一口想吃个胖子"是不可能的事情，所以有些事情不是你想干就干成的，要受到周围客观条件的制约，只有在最大限度地做好心理准备的基础上，才有可能让愿望得以实现。

美国有科学研究表明，95%的男人认为自己比其他人聪明。更何况中国人从小就耳濡目染"王侯将相宁有种乎"、"诚如是，则霸业可成，汉室可兴矣"，恐怕无人不梦想着有一天自己便是名扬天下的马云，大有"秦失其鹿，天下共逐之"的豪情。更何况，时代让IT人士看到了这种可能性，于是各种创业的队伍前赴后继。

这种现象，我认为对国家是有利的，也常为此感到高兴。市场在优胜劣汰中脱颖而出最棒的企业，人们也因此获得更好的服务。但是，有一种现象让我陷入了沉思。那就是在网络上出现了越来越多的"强人"，一般会附带上令人震撼的个人简介。让很多人不自觉地想要与他进行比较。如果真的按照这些简介与自己对比，会发现自己这也不行那也不行，似乎一无是处。

媒体很乐于宣传成功人士，这些"成功人士"的简介给读者造成的印象可能是这样的：

22 岁，清华大学计算机系毕业。

26 岁，美国哥伦比亚大学博士。

27 岁，创立 AA 公司，并获得美国 XX 公司千万美元融资。

29 岁，公司业务年盈利超过十亿。

于是，朋友之间聊天的时候就出现了："你看，别人二十几岁就取得了成功""三十几岁后创业就有点晚了"，等等类似的言论。我知道，你想成功，你想在年轻的时候成功，最好是二十几岁就站在世界的领奖台上。这不可能，即便在个别人身上应验了，也不会出现在你身上。这些事不是凭一番意气、艰苦奋斗就能做到的，有时候需要十几年、几十年、甚至两三代人，才能完成。年轻有为的人士，大多数是其上一辈人的基础打得好，积累了大量的经验、知识和财富。也不要去嫉妒，毕竟他上一代人曾经努力过。

想要成功，是否一定需要艰苦奋斗、夙兴夜寐呢？不见得。奋斗不一定要艰苦，我可以快乐幸福地奋斗，规律作息，工作游乐两不误。

诸葛孔明二十七岁出深山，在那之前他在干什么？日夜苦读吗？非也，那只是其中一部分，他：时而坐舟游于江湖、时而访僧侣游于山涧、时而邀亲朋坐于村落。

如果刘备不是三顾草庐，或许诸葛亮真是隆中一村夫。不过，说不定反而比较快乐，不一定五十四岁就"星落秋风五丈原"。

要想成就大事，不仅要能动得起，也要能静得起。该你登台表演的时候就上，不该你表演的时候就耐心等待。

那么在等待的时候该做什么呢？琴、棋、书、画、弓、马、骑、射、烹茶、赏花，都是可以做的。以有趣味的生活，兼之以适当的努力，"顺应四时，吞饮日月"，"而未得天下者，吾未闻也"。

功成名就，虽是世人所向，但成与不成，十之八九还要看天意。倘若天意

允许，你也就成了，当然其中少不了你的努力。如果天意不允，那是大数已定，非人力所能扭转，安心过好自己的生活，在草庐中笑看风月便是。

以创业为例，创业的目的应该是为了提供一种新的或更好的产品或服务。例如，腾讯做了QQ，如果你没有自信提供一种更好的即时通讯软件，那么你就别在这上面创业了。阿里巴巴做了淘宝天猫，如果你没有自信提供一种更好的网购平台，你也别在这上面花心思了。

很多事情是需要团队合作的。但是，中国人，应该说是不善于团队合作的，除非有共同的敌人或共同的利益。比如几个大学同学一起创业，事件还没办成，大家就都在想一件事："如果这事要成了，谁当老大？"。你想想，这样的团队能持续吗？那如果有一个强有力的领导人，分清主次，是否就成了呢？那也不一定，其他合伙人会认为，这个企业不是我的，我凭什么那么卖力？

一个良好的团队，各成员之间不能存有过重的相争之心。你不一定是要当老大才是成功的。鲜花要与绿叶配合，才能显出美丽。刘备需要关羽、张飞、赵云、诸葛亮才能成事。刘备，是老大，他无疑是成功的。张飞成功了吗？出身屠户，而位居五虎上将，当然也是成功了。诸葛亮呢？恐怕比刘备名气还大。

二当家不一定比大当家差。如果你真是众望所归，那你自然而然成为老大。否则，你就安心辅佐君上，尽全力做好自己能做的事便是。你是想做诸葛亮，还是刘备？二当家和大当家都是成功的，就看你怎么想了。创业固然值得向往，进一家自己热爱的公司踏踏实实地工作仍然是令人尊敬的。成功的标准，不一定要求你是皇帝，你也可以是丞相、太史令、中郎将。

有些人在以强人为目标的过程中，心理会产生某种变化，想要与周围的人，尤其是朋友，进行竞争，甚至是恶意地希望别人更差。想要变强，使得人的相争之心极度膨胀，需要不断地通过与人相争来刺激自己。但是受伤害的是你身边的朋友，绝非外人，因为外人与你不接触。其实你心里明白，你身边的几个朋友，与你是否成功毫无关系，但是你根本停不下来。这个时候，首先克制的是你的相争之心。少一些冷嘲热讽，你的修为便更近一步，离成功也就近了一步。与朋友有相争之心，没有任何意义，反而会结下一个敌人。

以一种合理的、积极的心态去竞争、去追求。我们必须学会做一个聪明的人，这个世界上总有一些人的长处，是我们不具备的，我们总会在某些领域的步伐不及别人，这都是正常的，平常心看待就可以了。我们需要的是进取心，不断的努力，至于会取得什么样的成果，我们只有看得淡一些。

活着真好

什么时候人才会感知生命的可贵。我想只有当你被告知生命已走入尽头的时候，你方会发觉一切都是虚的，争了好久的东西，盼了好久的梦想一切都变得可有可无。只有在此时，心中只有唯一的梦想，继续活下去，继续看着这个曾经被你讨厌的世界，继续陪伴在亲人的身边。

世事无常，人的生命也一样，当你最无须考虑的事情、从未思考过的问题，有一天突然摆在了你的面前，你才会痛彻心扉。生命是条单行道，没有任何选择，且谁也保证不了它的终点会在哪里。我们也不知道送了多少个含苞待放的花蕾，新闻媒体的一次次深入的报道，也曾多多少少感染过我们的心灵，那些即将逝去的生命曾经发出对生命的渴望，也时常让我们潸然泪下。可这些深刻的教训，究竟能在你的心中保持几分钟的热度呢，只有你自己最清楚。好好热爱生命，开心地生活每一天，淡泊名利地看待周围的一切，不让自己懊悔曾经虚度了多少光阴。

这些都是生命给予我们的启示，可我们有多少人能做到呢。生命只有一次，每个人都知道，没人否认，可真正能理解其中含义的能有几人，有谁能真正地想出其中的分量。我们为什么不停下一切的思考，停止一切的追逐。来思考这样一个问题，有一天，你被告知将不久于人世，那时候我们将会是一种什么样的心态，是不是已经得到的，即将得到的，拼命想要得到的，这一切的一切都太没有意义，这一切的一切将与自己在不久的将来没有半毛钱关系。生命真的只有一次，当它做出选择时，是任何东西都无法做出更改的，谁都无能为力。因此善待生命，善待每一天，不在虚度中度过，才是我们真正该做的。

对待生活，对待生命，我们应怀着一种什么样的心态？我们理应感受到它的美好，它的可贵。每天清晨，当我从睡梦中醒来的时候，一种幸福感就会油然而生——我庆幸我还活着。新的一天又开始了，我要精神饱满地去迎接它。虽然未来的日子里会有挫折与坎坷，有辛酸与泪水，但我始终相信阴霾的天空终会艳阳高照，微风轻拂、鸟语花香也会常伴随着我。只要我活着，就当握紧这不经意间就会从指缝间溜走的每一寸时光，尽情地享受一切美好，莫负大自然的恩赐，理当感恩生命。我常常独自一个人沉浸在这种冥想中，无时无刻不发自心底的感叹：活着真好！

抬头仰望那湛蓝的天空上飘着白云朵朵，我的心儿就会豁然开朗，思绪中充满了无尽的遐想；回首人间映入眼帘的是夏季桃红柳绿、百花争奇斗艳，冬天皑皑白雪中红梅傲然怒放，倍显娇媚。心中就会感慨四季轮回如此的有规律是多么的神奇！每每欣赏独特秀美的名山大川时，我就由衷地赞叹大自然的鬼斧神工；可当微风细雨飘洒的时候，我的心中又会被那点点的雨滴浸润得柔柔的，几分缠绵与眷恋的情愫悄然滋生。低首回眸间，生活中的这些美景就会闯进我们的视线。看到这些美景，怎么能说不是一种精神上的享受？同是生命，动、植物永远也不会去感知这些，我们岂能不为之欢欣？岂能不为之雀跃？我们是这个世界的主宰，我们拥有智慧能感知这些事物的美好，用心灵来体会这种难以言表的愉悦，这是何等的福气？快用你的眼睛去发现美吧，用你的心去感受美吧，大自然给我们预备了数不胜数的美景，无时无刻不静静地等着你来欣赏，暂时放下沉重的生活重担，放慢你匆匆前行的脚步，敞开双臂去拥抱大自然吧，你就能体会到那种千江有水千江月，万里无云万里天那种天人合一、心静如水的感觉！这美丽的风景五彩纷呈，就像人生的快乐和幸福，它将生命点亮，它丰富了你的生活内涵。你会发现原来活着是如此的美好！

当你在生活中奔波得倦了累了的时候，不妨适当地休憩一下。听听百鸟吟唱的和鸣，听花开叶落的声音，听小溪欢快奔向大海的潺潺水声，听"荷风送香气，竹露滴清响"，这天籁之音是大自然为我们演奏的一曲曲听觉盛宴。偶尔当我们情绪低落的时候，也可以听一曲旋律奔放热烈，节奏轻松活泼的乐曲，心情会随之舒畅；当我们意志消沉时，听一曲贝多芬的《命运交响曲》，会让人热血沸腾，精神振奋，重新鼓起勇气踏上人生的征程；当我们心情烦躁的时候，不妨听一曲班得瑞的《初雪》，来感受那种宁静的氛围，那让人放松的主旋律，会让你的心瞬间沉静。没有比在音乐中回忆或遐想更惬意的事情了，音乐会慰藉脆弱敏感的心灵，音乐使人类得以摆脱喧嚣，漫步畅想于一片静谧的广阔空间。只要你愿意，就可以尽情来享受这聆听的快乐，来享受这恬静与优雅的温婉情怀，切莫将生命给予你的最丰厚的馈赠白白浪费。

每个人活着都拥有爱与被爱的权利，亲情、友情、爱情时时滋润着我们干渴的心田。每当我想起自己的父母，心中就充满了感激之情，感谢他们给了我生命，让我在这世上感受生命的美好；每当看到我的孩子，我的心中就会涌起一股感谢之情，感谢他让我体会到了不养儿不知父母恩这个道理的深刻含义，让我更加懂得了父母的艰辛与不易；感谢他让我学会了爱与包容；感谢他让我体会到了为人父母的喜悦与牵挂那种喜忧参半的心情；感谢他作为我生命的延续，让我有了美好的盼望与无限的寄托；我感谢生命的生生不息，绵延不断！更感谢与我携手共度一生的爱人，感谢你用瘦弱的双肩为我撑起家的那片晴空，我们是一荣俱荣一损俱损不可分割的整体。你是与我朝夕相处的亲人，你是与我息息相关的爱人，珍惜你爱的人和爱你的人吧，因为来生未必会遇见！更愿爱你的人更爱你，你爱的人更懂你！用心来体会这平淡却又沁人心脾的爱的甘甜吧！

纯美的友情是生命中不可或缺的一部分。朋友是我们站在窗前欣赏冬日飘零的雪花时手中捧着的一盏热茶；朋友是我们走在夏日大雨滂沱中时手里撑着的一把雨伞。现实中的朋友也许不常相聚，但却彼此心中牵挂，真正的朋友不一定会锦上添花，但一定会在你最危难的时候雪中送炭，这样的朋友肝胆相照，永远也不会忘记。如今随着网络的兴起，网友已经真切地走进了我们的生活里，网络中的朋友没有现实中的功利色彩，也不论你是贫富贵贱，只要你怀着一颗真诚的心来交往，就能感受到人间至真至纯的友谊，这友谊之花盛开在网络里，我们用真诚来浇灌，用理解与包容来培育，它也真实地绽放在你我他的心里。每当特别的日子，我就会收到来自天南海北好友的祝福与礼物，虽然礼物是虚拟的，但在我的眼里，这份心意是那么的弥足珍贵！人海茫茫能得到陌生的你一声祝福，我的心中充满了感激与幸福。在人生这短暂的生命历程里，我们有幸能同乘一辆生命的列车，该当怎样的珍惜？这芳香的友情美酒，让我如饮甘饴，令我无限回味，又可曾让你陶醉？

在生死临界点的时候，你会发现，任何的加班（长期熬夜等于慢性自杀），给自己太多的压力，买房买车的需求，这些都是浮云。如果有时间，好好陪陪你的孩子，把买车的钱给父母亲买双鞋子，不要拼命去换什么大房子，和相爱的人在一起，蜗居也温暖。这是于娟"癌症日记"中被网友转载最多的段落之一，近日来悄然打动了许多人，短短两周，她名为"活着就是王道"的博客吸引了100多万的访问人次，平淡而诚挚的文字让每一篇博文下满是祝福。

于娟，女，32岁，祖籍山东济宁，海归，博士，复旦大学优秀青年教师，一个两岁孩子的母亲，乳腺癌晚期患者。这位32岁的复旦大学女教师，在2010年元旦左右被确诊为乳腺癌晚期，已转移到全身躯干。她在健康状况稍好的时候，开始回忆并记录下癌症治疗的点点滴滴。在短短文字的后面，却是一个乐观坚强并相信奇迹的女儿、妻子和妈妈。

于娟并不愿意有人关注她。她所希望的，是有人关注她用生命写下的文字，希望有人能够透过她的文字关注自己的健康和生活方式，从"于娟日记"在社会上热议以来，也引发了我们对现代人生活方式的思考，如何才能更健康、更快乐地生活，探讨符合现代社会发展的生活方式和价值观成了如今人们关注的话题。

于娟坚持每天两次更新博客，提倡健康的生活方式，并且坦白说后悔自己曾经这样——"回想10年来，基本没有12点之前睡过，学习、考GT之类现在看来毫无价值的证书，考研是堂而皇之的理由，与此同时，聊天、BBS

灌水、蹦迪、K歌、保龄球、吃饭、一个人发呆填充了没有堂而皇之理由的每个夜晚，厉害的时候通宵熬夜"。但很遗憾的是，很多网友，一边看着于娟的博客，一边重复着跟过去的于娟同样的生活，只因为他们还没有感到"生命临界点"的危机。

相比网友们的"明知故犯"，在"生命日记"之外，其实更令人警醒的是，在中国，像于娟这样的人，可算是"优等生"、"优等白领"的典型，但她认为自己考的GT证书"毫无价值"，考研是"堂而皇之"，毫不夸张地说，这也间接反映出了我们生命教育的缺失。我们的教育，更加偏重分数和考试，而对"人生"、"生命"较少涉及。很多家长和老师眼中的"好孩子"、"优等生"，只知道沿着家长和老师指点的方向努力，考大学、考研究生、考博士、找一份好工作、结婚生子，直到有致命性的危机出现，他们才恍然大悟：这并不是我想要的生活！我过去的很多努力都是没有意义的！与此同时，还有很多父母，把梦想寄托在孩子身上，当原本成绩出众的孩子因没有考进理想的大学选择了逆反甚至轻生，他们才知道后悔：早知道会这样，我当初就不该逼他。还有很多子女，平时忙于工作，忙于小家庭，直到父母病重，他们才觉得遗憾：早知道会这样，我肯定会抽出时间来多陪陪父母。

"早知道会这样"，这已经成了我们痛悔时最常用的句式。当然我们也都清楚，我们都无法"早知道"，所以我们能做的，也正是于娟老师一再提醒我们的，就是好好把握当下，以不会令自己将来后悔的方式去生活。

在生活方式的选择上，苹果公司CEO乔布斯提供了出色的答案。2005年乔布斯在斯坦福大学毕业典礼上的演讲中提到，他17岁的时候读到这句话——如果你把每一天都当作生命中最后一天去生活的话，那么有一天你会发现你是正确的。"从那时开始，过了33年，我在每天早晨都会对着镜子问自己：'如果今天是我生命中的最后一天，你会不会完成你今天想做的事情呢？'当答案连续多天是'No'的时候，我知道自己需要改变某些事情了。"乔布斯只上了一个学期的大学，但这并不妨碍他把时间和精力用在自己最想做的事情上面：21岁与人合作创办苹果公司，三十多年来一直是IT界的风云人物，这是一个常人在改变着自己不平凡的生活。

不管怎样生活，只有身体健康才能做得到。只是，一直都活在压力下，而丢掉了原本自己心底想要的生活，这样的生活就好像总是缺失了什么。一个人活着，喜欢的是夜夜笙歌也好，喜欢的是周游世界也好，总该要拖着自己的身体去做。活得精彩才是王道。不该在失去的时候才懂得珍惜，虽然很多人都明白这个道理，可是却还是义无反顾地去做相反的事儿了。其实我们都在写着"生命日记"，用着自己的生命去书写自己的生活。

记得一个中年丧妻的画家，有一次泪流满面地跟我说：活着真好。对比那些不幸的人，我们才能知道做一个健健康康的普通人的快乐。所以于娟的存在，是作为一个悲情人物，让我们看到了普通生命的真实价值。别人连活下去的权力都被剥夺了，别人在睡梦中都被疼痛折磨得死去活来，我们还抱怨啥，还愤怒啥，还不平衡啥。于娟，我很佩服她。谢谢她给我们的启示。这就是要我们在忙碌的同时，多挤出些时间思考一下，生命的本质是什么？是浮躁？是急功近利？还是像洗脚妹默默无闻中资助那么多学子一样平凡中见神奇？

于娟这样的例子多不胜举，许多人在患上不治之症以后都以书或网络的方式警醒世人，并转告自己的感悟。但悖论是，如不亲身经历，大多数人还是不会"悔改"，"毫无必要"地压榨或消耗自己的生命总是理所当然，等身体垮掉时，又才幡然醒悟自己亲手毁掉自己的幸福。纪德在小说《背德者》里说："人们最动人心弦的作品，总是痛苦的产物。幸福有什么可讲的呢？除了经营以及后来又毁掉幸福的情况，的确不值得一讲。"

很多东西，只有当我们快要失去的时候才倍感珍贵。生命如是，感情如是，亲情也如是。我们总是期待着天荒地老、地久天长，却不懂得去经营和珍惜，等到真正大彻大悟的时候却为时已晚。如此看来，还是知足为好，人生追求什么完美？能够每天快快乐乐地活着就是最好的了。

失去后才懂得珍惜。平时身体好的时候没想过生老病死，离别感伤。若是明知道自己的生命只剩下倒计时，和亲人朋友的相处时间已经屈指可数，恐怕每个人心中涌起的除了绝望之外更多的是空白。生命太脆弱，用健康代价换来的那些所谓的物质在生命面前显得尤其渺小。走到最后一刻才明白最宝贵的应该是什么，于娟所说的所谓"浮云"只有经历过的人才知道，只有在生命即将消失殆尽之时才能意识到自己以前所追求的那些不过是过眼云烟而已。

早睡早起，规律的作息时间有益健康，这句话所有的人都会承认，但是又有几个人能够做到呢？工作的压力需要我们去承受，各种交际活动需要我们去应酬，数不尽的生活欲求需要我们去争取，日新月异的知识需要我们去掌握，应接不暇的网络资源诱惑我们去点击，使我们不得不将白天延长进夜晚，由不得自己。在这个高速运转的时代，早睡早起已经离我们远去。看了于娟《生命日记》，相信每个人都会很震撼，但是看过之后，恐怕没有几个人会改变自己原有的生活习惯，坚持健康的作息规律。

在我们国家有多少人是活得很不明白，"要浪漫，先浪费"，是不是所有的人生的幸福和快乐，都要"先浪费"呢？房子、车子、金钱、权力、名利等等，很多生不带来、死不带走的东西，人对幸福的理解仅仅停留在表面。为了追逐一切浮华的东西，忘了自己的生存之本，忘了自己身边的亲人、朋友，忘了健康的生活方式，活得太累其实是心累。面对物质世界的名利得失，若能拥有宠辱不惊的胸怀以平常心淡然处之，这人世间的确再也没有可以让人畏惧的因素。为名所累、为利所缚、为欲所惑都是多少人所为，那么，常怀感恩之心、常存知足之念，以平常心面对名利得失，是排除烦恼与恐惧的制胜法宝。平常心是红尘人世中难以看破的大智慧，它是历经繁华之后的淡泊超脱，是一种良好的人生态度。也许，人如果懂得幸福的真正意义，才能获得真正意义上的幸福。一个年轻的生命，在生死边缘，用生命写下病中日记，这些细节会给同样背负生活压力的你我一些提醒。

你为被人误解而懊恼过吗？你为别人伤害了你而心生怨恨吗？你为遇到一个负心人或者失恋而想到过轻生吗？你为是个没钱的穷人而自卑过吗？你为职场尔虞我诈厌倦过吗？你为生意亏损升迁无望而心灰意冷过吗？或许你说都经历过，或许你说这算啥，祸不单行，雪上加霜，九死一生的事情我都碰见了，我当时真差一点扛不下来了。

人生在世，酸甜苦辣，喜怒哀乐，生离死别，不如意者十之八九，大多数人都有悲观厌世的时候。可是当你吃过午饭躺下午休的时候，当你领着越来越看不顺眼的老婆散步的时候，当你做了一个深呼吸，看着清晨的露珠，嗅着满树的槐花芳香的时候，你可曾知道，就在此时此刻，有多少人因为不治之症，虽然被折磨得不人不鬼，却还在恋恋不舍于人世；有多少人出门旅游却横遭车祸，身首异处；有多少身在震区的同胞，在地球发怒的一刹那，魂断天国；有多少呱呱坠地的婴儿还没睁眼看看这个世界，就又急匆匆地离开。

真的是这样，人生除了生死确实再无大事，只要活着，就有明天，有了明天，就有希望，就会有幸福和快乐。有一句话说得好，你的任务就是做好你自己，其他的交给上帝和命运。今天不幸福，还有明天，明天如果还不幸福，后天幸福一定会降临。马航 370 号波音飞机失联的噩耗牵动着每一个人的心，乘客的家属、亲友更是痛不欲生，无不祈求上帝保佑，出现神话般的奇迹。据报道，机上绝大多数是中国人，有不少 80 后、90 后，还有赴马参加画展的画家，出席佛事的佛教徒。二百多鲜活的生命在一个深夜随飞机失事不知去向，生死难料，而且几乎百分之百已经凶多吉少。

生命如此顽强，顽强到中枪不死，顽强到虎口余生，然而生命更多的时候却是不堪一击，十分脆弱。物竞天择，适者生存是大自然的普遍规则，人生犹如战场，既然来到人世，就必须敢于直面惨淡的人生，敢于正视淋漓的鲜血。人生不见硝烟，有时候的残酷却不亚于出没枪林弹雨。如果谁有先见之明，知道那次航班有罹难的危险，估计没有人会怀揣梦想登机远航的。此时的你，从电视上网络上或者他人的口中得知这个消息，就算你正在伤心、痛苦、失望、难受、抱怨、愤怒，可摸摸还真实活着的自己，是不是觉得这些真的太微不足道了呢？

每个人的生命只有一次，我们没有任何理由不珍惜。但是，当生命遇到挑战的时候，却要有不怕死的精神，生当作人杰，死亦为鬼雄。人生不能当懦夫，也不能当逃兵，就这么珍惜着，顽强着，痛苦着，快乐着，煎熬着，幸福着，艰难着，前进着，难道这不就是生命本真的独特的价值和美丽。

在人生的境遇里，在生命的时空中，你有没有遇见一个人，恨不相逢未婚时；有没有一场邂逅，让你只是一眼却难忘千年；有没有听见一首情歌，眼泪不由自主噙满眼眶；有没有看见雪花飘落，思绪早已飞到大漠关外；有没有众里寻他千百度，蓦然回首的刹那，突生恍若隔世的感觉，仿佛他刚从失联的马航飞机上翩翩走下舷梯，你喜出望外，激动得死去活来。

是啊，人生短暂，生命无常，我们无法预知和把握的事情太多太多，我们渴望永恒，却常常收获短暂；往往期盼真爱，却总是被生活捉弄；梦里的鲜花常常被现实的冰雹摧残得七零八落。这就是生活，这就是人生，这就是现实，不要幻想，不要逃避，不要畏惧，做好自己应该做的，温柔地听从努力后命运的安排，坦然面对，平静接受。

有一个寓言，说是一个富豪得到一件宝贝紫砂壶，爱不释手，夜夜放在床头，恨不能搂着睡觉。谁知一晚不小心失手将壶盖打翻在地，当即心疼不已，一时恼怒，顺手把茶壶扔出窗外，嘴里还振振有词，没有壶盖，留你何用。结果次日清晨醒来，发现壶盖掉在棉鞋上完好无损，更加懊恼。情急之下，又一脚将壶盖踩得粉碎。搞笑的是等他出门的时候，发现昨晚顺手扔出的茶壶挂在一棵树的枝杈上，未伤皮毛。生活有时候其实就是这样充满戏剧性，似乎故意和你捉迷藏，故意捉弄你，磨炼你。所以不管身在何处，身为何人，必须保持一颗平常心，安然，坦然，淡然地处理一切当时认为天大的事情。

临睡前听着音乐，起床时看着晨曦，每天都这样充实忙碌，每天都这样痛并快乐着，这就是生命存在的表现。活着真好，真的很好。

每每看到下面这样的新闻，我都气愤不已。某某因感情问题烧炭自杀，某某因高考发挥失常而吞药自尽，某某又因生意失败跳楼而亡，某某因论文答辩未过而上吊自杀。这种不重视生命，视生命如儿戏的事情一件件地发生，真是让人痛心。我非但不同情，不可怜这种人，反而非常憎恶这种人。这种人就是懦夫，他们不仅留给亲人无尽的痛苦，更是对生命的任意践踏。这种人没有任何的责任心。心里只装着自己，不敢承担，不敢面对，认为自己所承受的不幸，是上天最大的不公。整个社会都对不起他，心中充满了消极、怨恨。

真的让人难以理解，难道死亡就能解决一切吗？难道死亡就能让别人看得起，引起他人的尊重吗？错！只会让人更看不起，没有一个人会同情你，更没有人去可怜你，你得到的只有鄙视。一次恋爱失败，天就塌下来了吗？天涯何处无芳草，即便单身一辈子那又如何，你还有家人，你还有朋友，生活照样很精彩，难道你是为结婚而生的吗？高考失常，难道你就不会再复读一年，上一个差一点的学校又能怎样？退一万步说，不上大学又能怎样，不读大学的成功人士不是也很多吗？就因为这一点点事情就自杀，你还有什么出息，即便你上一个好的大学，也不会有什么大的成就。生意完蛋了，生命还在吧，健康还在吧，亲人还在吧，这一切不比生意重要，这种生意不行了，就不会换种生活，平平淡淡的人多了去了，难道人家都不值得活着，人家都是低人一等的庸人？错！人家的人生也很精彩，人家的生活还真美好。论文通不过，难道不会再改吗，就因为这件事丧失了斗志，你说你有多傻，你说你有多不值。

不要断了亲情

和自己的父母自然不必讲了，无论是求学在外或是工作在外，我们未曾与自己的父母断了联系。但我们是否发现年少时在家乡与堂哥堂弟、表姐表妹玩耍时的美好时光都忘得差不多了。每个人都会长大，每个人都会离开儿时的故乡去他乡忙碌。除了我们至亲的人外，其他的亲人却渐渐地很少联系了，甚至从未联系，也只有一年到头过春节的时候，能碰个面，聊上几句，却也发现，因长时间的不联系，已经没有了共同的语言，大家也陌生了好多，说白了，这真是一个巨大的浪费啊。

小时候与堂哥表姐们那就是一家子，来回走动，也体现了亲情的无处不在。而随着长年奔波在外，这种亲情逐渐变淡，真是令人遗憾。我们应该认识到这方面的缺失，那不是一般的情谊，那是亲情，我们还存在着血缘关系，如果我们在外面真有难事，到时候还得靠我们这些哥哥姐姐帮助，而他们的帮助是发自内心的，是真诚的，是不求回报的。因此，我们应该经常性地互动，只有我们彼此感受到双方的存在，我们在有事的时候，才不会显得那么的突兀，只有平时不间断地联系，我们商量起来，才显得正常。不光我们本人感觉如此，其他人也会有这方面的感觉。其实我们并不图什么，图的就是一份亲情的维系。

上了大学后，看到了一篇分享的日志。上面计算了我们还能见到父母多少次，算来算去也没有超过一百次，那见到爷爷奶奶的次数呢，我就真的不敢想了，有时候会越想越觉得恐怖，恐怖至极就会想到打电话听听他们的声音。现在家里的兄弟姐妹两极分化挺严重的，一批还小的在上小学，而一批已经迈入社会了，小孩子就不去管他们了，但是这些大一点的，其实现在也很少联系，更多的是踩踩他们的空间，平时偶尔发个短信，我不知道这样是否是一个正常的现象，小时候我们打闹成一团，现在也只有在寒假大家聚到一块时才能找到感觉。是不是大家的年龄大了以后都有自己要忙的事了，所以联系少了，那等到我们各自成家立业的时候，不是更难聚到一块，总觉得这是一件非常悲哀的事情，希望永远不要发生，而要阻止这种情况，我们一定要在平时多与他们联系，不要让距离阻断了亲情。

落叶归根，这是谁也逃脱不了的现实。无论我们在外面有多风光，无论我们取得了多么大的成绩，老家，我们总是要回去的。人生就是这么短暂，小时候嬉戏的场面犹在眼前，转眼已经到了白发之年，我们又聚在一块了。这就是缘分，这就是亲情，剪也剪不断，既然是这样，在我们在外漂泊的这些年，让我们多一些联系，不要彼此留下一大块陌生的空间，让我们的亲情一直延续，让我们不存在陌生的可能。

彼此生活在不同的城市里，我们有太多的快乐和不快乐需要找一些亲人去分享。拿起我们的电话，利用一切可能利用的交流平台，让我们这一些亲人多一些互动。让我们彼此听一听亲人的建议，让我们力所能及地为他们提供一些实实在在的帮助。我们彼此都是靠山，只有如此，前面有大的风浪我们也不怕，这就是亲情的力量。

亲情是人间最温暖的阳光，是世界上最美的情感之一，感受亲情既是抚平心灵创伤的妙药，也是激发生命力量的源泉，我们的身边处处都有着亲情，我们被包围在浓浓的亲情中，渐渐被爱融化。亲情，是人生路上的一出重头戏。它会在你窘迫时，孤单时，失望时，难过时，不顾一切地伸出双手来帮助你，接纳你。有了亲情就会使你的生活更加美丽，更加多姿多彩，有了亲情，你会觉得，生活是那么美好，那样有趣！

亲情就像一场冬日里的白雪，总能在污浊的旅途中，涤尽跋涉者的征尘。它就是这样，没有杂质，没有距离，更没有虚伪，仅仅是相通的血脉间彼此默默地相互关怀。总能在萧瑟的风雨中，温暖失落者的心田。从亲情之中，我们学到了一种责任。

音乐的力量

作为过来人，我深知学生时代的生活有多枯燥，一天到晚地学习，没日没夜地奋战在题海。大家肯定有心烦的时候，甚至有时候感觉十分的疲惫，当你出现这情况时，我劝你，多听一些喜欢的音乐，来缓解一下自己的神经。

很是浮躁的时候，不妨听一听舒缓的音乐，身心必能柔软平静下来，其实抒情缓慢的音乐就像一支镇定剂，可调试人的心情。

舒缓的音乐是慢吞吞的，循序渐进的，像是潺潺的细水轻轻地律动，像小小的雨丝浅浅地落，像夕阳下的光一点一点地绽放，来的一点都不放肆。舒缓的音乐也是柔韧的，虽然乍听没有夸张的意味，过程也不是激烈昂扬，却丝丝入扣，紧紧贴服人心。缓慢的音乐就像母亲的教导，不用高声大气，不必严厉苛刻，轻言细语，循循善诱。

音乐的起伏慢慢过渡着，窥不见坎坷，也听不到挫折，像是徜徉于深海一般，享受那种无止境的散漫与畅快，听到的音符是没有汗水的，因为它的节拍只会让人静着，更静着，听它的时候，周围的气息仿佛跟着一起凝固下来。没有蹦跳，没有手舞，只是慢慢地跟着进入状态，进入一片安然的净土。

听惯了缓慢音乐的人不会动不动就发怒，因为他已经受其感染，变成性情中人，也会知性，会哀伤，会同情，知冷暖。听惯了缓慢音乐的人懂得与世无争，懂得珍爱身边的人，懂得低调生活。听惯了缓慢音乐的人不懦弱也不怯弱，

他的心底里也有一触即发的强悍，只是他能隐忍。

我想，爱听抒情音乐的人，他的生活必是美好的。迎着早起的露，鱼肚白的天空，鲜活的空气，放上一段清澈流缓的音乐，该是多好的洗涤。洗干净沾了尘灰的心，也洗去昨日的疲惫与烦忧，然后再在不紧不慢的节奏中从容地开始。听这样音乐的人必定是心思细微，会顾盼着天的冷暖，任何小小的细节，比如是小草发芽了，叶儿很绿；比如是桂花香了，布满了整个后花园的天空；比如是河水停滞不前了，上面铺了许多许多的草苔；比如是家中那只小花狗的眼里忍有泪水，它是否很伤心，也许难过的事曾发生在它的身上。他抚摸小花狗，帮它带走心中的痛。

我想，在淡淡的音乐里更能心宁气静，也更能找到自己生活的方式。首先，这样的节奏让你不迷惘了，也不急躁了，安抚和抹平了你的内心，将那片本是很深重的地带渐渐柔化开来，似晕散的水墨，不再触目惊心。在这样的氛围里，再望周遭似乎比平常更美，更值得多品味揣摩一番。

享受音乐的细腻，感觉被音乐浸透以后全身似乎要松许多，轻许多，本来执着的也会宽下心来。我就情愿永远被这些音乐包围着环绕着，生存在这样至情至美的境界里，该是何等的好。可却是不能，不能沉溺于其中了，沉溺以后会随着音乐永远地睡去，那就失去在世界上的其他了。

天空下还有好多精彩的元素，只有学着波澜不惊地面对，才能更好地知觉其中的酸涩甜腥，才会更深透地明白无论是哪一遭滋味，总回味着一种原始的香。就像淡定的节拍里，也有爱恨缠绵、生死攸关、妻离子别、人海茫茫，当它的流畅到了末至，回旋着的却是一副碧海蓝天的清净。那种情境品了才知道，是一片云淡风轻。

上面提到了音乐能够带给人美的享受，能够舒缓心情、缓解疲劳，下面我具体讲一下音乐所产生的奇特效果，让大家听音乐更有说服力。

音乐改善免疫功能。音乐有促进免疫功能的效果，科研人员说，那些产生乐观向上情绪的音乐，能引发体内促进免疫功能的激素分泌增加，这有助于减少疾病的发生。听音乐或唱歌也能降低体内皮质醇的水平，这是一种与应激性相关的激素。皮质醇激素水平升高，会导致免疫功能下降。

音乐增强记忆力。音乐是如何增强记忆的？对此人们十分好奇。莫扎特的音乐或巴洛克时期的音乐，其节拍是每分钟六十次，这使大脑的左右半球都得到激活。左右大脑同时工作，使学习和记忆存留的效能达到最大化，学习过程输入的信息激活了大脑左半球，而音乐激活大脑右半球。同样地，使两侧大脑半球同时工作，如演奏乐器或唱歌，能使大脑对处理信息的能力得到进一步提高。听音乐促进信息的回忆。有研究表明，某些特定的音乐对于勾起回忆十分重要。听某一首歌时同时学习某种信息，常常在心里暗自唱那首歌时，所学习的信息从脑子里冒出来。学习音乐的效果比单纯欣赏古典音乐更好。有十分确切的证据表明，与那些没有接受过音乐教育的孩子相比，上音乐课的孩子，其记忆力要好得多。

音乐使注意力更集中。无论你多大年纪，无论你健康或卧病在床，听那些令人放松的音乐都能延长注意力集中的时间。虽然尚不清楚哪种类型的音乐更好，或者哪种曲式更有益，但有许多研究表明，音乐对注意力集中有明显的效果。

音乐提高运动成绩。选个刺激的音乐有助于让你动起来，健走、跳舞，或其他任何你喜欢的运动。音乐能使锻炼活动更像是玩起来，而不是辛苦地运动。此外，音乐还能增进运动成绩。那些戴着 iPad 长跑或者跳操的人，都知道音乐令练习时间过得飞快。

音乐改善机体的运动能力和协调性。音乐能降低肌张力并改善身体的运动协调能力。对那些有运动功能障碍的人，音乐在恢复、维持和发展机体的运动功能上有重要的作用。

音乐能抵御疲劳。聆听那些乐观向上的音乐是一种"加油"（补充能量）的好办法。音乐能有效地消除运动疲劳，以及那些单调的工作所引起的疲劳。但是要知道，如果总是听那些流行音乐或"硬摇滚 (hard rock)"音乐，则会使你惴惴不安，而不是精力充沛。你应该先试听各种不同的音乐，从中找出对你有益的。例如，第一天听古典音乐，第二天听流行乐，第三天爵士乐，等等，轮流听下去，进行选择。

音乐提高工作效率。许多人喜欢边听音乐边工作，我也这样，你呢？你知道吗，听着音乐，工作可以做得更好。在工作时听音乐，的确可以提高你的工作效率。无论背景音乐播放的是摇滚乐还是古典音乐，人们对于视觉形象（包括字母和数字）的辨识，在听音乐时会更快些。

音乐令人镇静、放松，有助于睡眠。对付失眠的既安全又便宜的良药就是那些轻松的古典音乐。许多失眠的人发现巴赫的音乐很有效。研究人员发现，在睡前听四十五分钟轻松的音乐，能让你安睡一夜。轻松的音乐减轻交感神经的张力，减轻焦虑，降低血压、心率和呼吸频率，同时通过放松肌张力和消除杂乱的思绪而有助于入睡。

音乐改善情绪，减轻抑郁。音乐是对付忧郁的良药，无论哪种文化，音乐都被认为是"心灵的鸡汤"。大家都能体会到音乐能使人精神矍铄。现代研究已经证实音乐的心理治疗作用。明亮、乐观的音乐，犹太音乐，萨尔萨舞曲，瑞格舞都是对付忧郁的良药。

音乐有助于病痛痊愈。音乐是缓解疼痛的有效方法。总体上来说，音乐对缓解疼痛是非常有效的。对于慢性疼痛和手术后疼痛，音乐都能减轻患者的痛觉感受和紧张情绪。

音乐是治疗慢性疼痛和偏头痛的良药。音乐可以减轻偏头痛和慢性头痛患者的头痛发作强度，减少发作频率以及每次发作的持续时间。

下面我们来分享音乐治疗的典型案例。

郝亭是一位35岁，能干、成功的女法官，显得十分干练和理性，可是她也有自己的痛苦。自己结婚十二年的恩爱丈夫自从下海经商后，逐渐地变了，对家庭生活越来越没有兴趣，越来越多地以工作为由夜不归宿。敏感的女法官开始生了疑心，终于有一天她看到了自己不愿意看到的一幕：丈夫与一位年轻时髦的小姐挽着胳膊，亲热地走进了一家宾馆。

当郝亭质问丈夫时，对方却理直气壮地说："在这个家里我受够了，从未感到温暖，从未得到过自由。"丈夫提出了离婚。郝亭多少年来的自信顷刻间便倒塌了："我太不值得人爱了，连个三陪小姐都不如，我是个最没有用的人。"

她不愿离婚，因为离婚是人生失败的代名词，她怕自己瞬间变成一个没有丈夫，没有家的人，怕女儿没了爸爸，怕被人笑话……女法官在心理医生的面前显现出了她软弱和优柔的一面，她无助地问我："我应该怎么办？我应该怎么办？"我说："很抱歉，我不能给你任何建议。等到治疗结束时你自己会做出正确的决定的，相信我。"

在催眠之后，我使用了一组包含了伤感、孤独、激动、不安和平静等不同情绪的音乐。她的视觉联想是这样的：

（缓慢凄凉的音乐）一片草坪上，有一棵老树，没有树冠，也谈不上枝繁叶茂，树的中间是空的，有一个很大的空洞，像是被火烧过的。树下有一个石桌和两个石凳（这个情景显然是象征着她的家庭，树上的空洞象征着他们的爱情生活的现状）。

（甜美欢快的音乐）两只小鸟在飞，它们不愿在这棵树上停留，又飞走了。

（快速幽默的音乐）这棵树上的空洞越来越大，树上的叶子慢慢地消失了。

（缓慢忧伤转为激动的音乐）树下有一条小路，路的另一边也有一棵树，没有叶子，全是枯枝，渐渐的，这边的树枝剩下半个了，对面的枯树也剩下半个了，桌子也看不见了，没有什么东西了。两棵树之间的草地开始沙化了，沙漠把小路，草坪淹没了（这象征着她与丈夫之间的爱情终于枯萎了，变成荒漠了）（她的眼睛里流出了泪水）。

第二次治疗前她告诉我，她已经做出了决定，并委托了律师开始办理离婚手续。但仍旧感到茫然和痛苦，对未来的生活缺乏信心。我选用了一组包括抒情、优美，宽广、坚定和圣洁的音乐。

（缓慢、抒情、宽广的音乐）我走在草原上，一片迷雾（象征着对未来生活的迷茫）。远处有什么不断地闪亮光。像是堆积起来在一起的珠宝，发出耀眼的光芒（象征着对未来的向往）。美丽的霞光穿透了面前的迷雾。

（抒情转为激动、坚定、有力的音乐）渐渐天亮了，面前有一个汉白玉的台阶（象征着未来生活的道路）通向远处的山峰。我沿着台阶一步步走上去。

（抒情的慢板、沉思、激动后转为宁静的音乐）草原上的草变枯黄了，有一条河流（象征着自己的情感）在我面前，我和女儿一起站在河岸边，看着河水流向远方，水流干了，什么也没有了（象征着过去的一切都结束了）。

（宽广、圣洁的音乐）面前是山脉，森林，碧绿的大草坪，让人心旷神怡。下雪了，森林、群山、草原变成了一片白茫茫。这一切真美，我的灵魂得到了净化。

音乐帮助她平静地度过了离婚带来的精神危机，坚定地做出了自己的选择。两个月后她打电话给我，用平静甚至是愉快的语调告诉我，她已经办好了离婚手续，自己的感觉很好。在办公室里，她甚至用开玩笑的口气向同事们宣布："告诉大家一个好消息，我走出'围城'了。"大家为她的态度大为惊讶。

通过这个案例，我们可以看到，与常规的心理治疗不一样，音乐心理治疗不依靠讲道理，而是利用音乐对人的情绪影响作用，诱发人的丰富想象力，通过丰富的联想达到改变人的情绪状态，并进一步改变人对生活的理性认识。

下面我们来分享另一案例。

在我的女客人中，李韵（化名）给我留下了强烈的印象。她是一个27岁漂亮、瘦弱的姑娘，满脸的愁云使她美丽的大眼睛黯然无光。她的故事是这样的：一年前，与自己同居两年的男朋友突然在一个早上提出分手，而前一天晚上他们还在亲密地聊天，这实在是她所始料不及的。她做出了种种努力来挽救他们的关系，可是无济于事。两个月之后，她听到了他结婚的消息。李韵的精神一下子崩溃了，她服下了大量的安眠药，幸而被家人及早发觉，被送到医院抢救。出院后有整整一个月不能吃饭，体重急剧下降。以后的一年多的时间里，终日闭门不出，以泪洗面，不能与包括自己的家人在内的任何人接触，当然，也不可能上班了。

在治疗的过程中，我先对李韵进行催眠，因为当人在被催眠状态中对音乐的感受性会大大地增强，并容易在音乐的刺激下产生丰富的视觉联想。然后我选用了一组忧愁、伤感的音乐。很快她便进入了状态：

太阳落山了，天黑了，要下雨了，我独自坐在窗台前，闻到了雨的味道（雨是她伤感情绪的象征，她开始流泪了），我感到自己的身体在下沉（这是情绪低落体验的象征），有什么东西把我托了起来，我变得厚了，只感到自己在往上升，我快要爆炸了，着不了地，太厚了，我不知道我要到哪里去（这是她的被压抑的愤怒情绪的象征）。她哭了。

我躺在河边上，水很静。男朋友走过来，很忧郁的样子，他吻了我，轻轻地抱着我，我靠在他的怀里。他不跟我说话（这里我可以感到她对他的爱依然还在）。天又要黑了，他要走了，我舍不得他，可是他还是悄悄地走了（流泪）。我变成了河边的一棵树，他轻轻地抱着这棵树，为我浇水。后来就再没人来了，只有这棵树孤孤单单地在河边（后来她告诉我，她曾对他说，如果有一天失去了他，她会去死，会变成自己坟上的一棵树，希望他能来为自己浇水）。

第三次治疗中，我开始使用了一些悲伤、惆怅并充满了矛盾冲突的音乐。她的联想是伴随着泪水进行的：

夜晚，一只天鹅孤独地在水里游，它很悲伤和无奈（显然，这只天鹅是她自己），它似乎是在寻找什么，也许是那只死去的天鹅。天快亮了，天鹅累极了，抬起头，看着即将升起的太阳，它即将离开这片湖（这湖显然是象征她的情感生活），它是那样爱这片湖，那么伤心，可是它决定要走了。可是这里还有那么多的留恋，它决定要再住一晚。夜那么长，天鹅根本就没有睡。它想起了过去的生活。过去的湖面上有两只天鹅栖息，那时它们多么快乐，虽然也有争吵，可是很快又平静了。突然天边出现了一个阴影，一只天鹅被拖走了，不会再回来了。它伤心极了。

天亮了，天鹅终于要走了，最后望着这片湖，然后向着太阳的方向飞走了，带着无限的眷恋。湖面上只有太阳，什么都没有了，天空中天鹅撒下的羽毛，是它留给湖最后的纪念。我沿着湖边走着，想把这湖、树林和刚才的景象装在心里，它是我心中一幅永远的图画（她向自己的一段往事告别了）。

这次治疗之后李韵就再没有来过我的诊室。一个月后，她打来电话告诉我，她现在感觉好多了，正在忙着准备参加几项考试，以便找到新的工作，所以不能继续完成治疗了。我很为她的变化感到高兴。春节前，李韵给我寄来了贺年片，她写道："在没有接触到您和您的治疗方法前，我没有体会过音乐有如此

神奇的疗伤止痛作用。而如今，我在音乐中走出了自己的湖泊，找回了丢失已久的笑容。遗憾的是我没有机会继续音乐的洗礼，那就暂时让尚存的这点忧郁成为我生活的点缀吧，它不会是主题，但会是个特色，也许我还会有机会请您帮我清除'余毒'。"

音乐真的可以调节我们的节奏。在我们学生时代漫长的学习生涯中，我们肯定会经历各种各样的困惑。无数个晚自习，数不清的试题，不间断的考试等。我们总会有困乏的时候，也许在繁重的学习压力下，你还曾有退学的念头。经历这样的情感都是正常的，不只是你自己会有，每个人都有。我们要认识到这是我们这个群体普遍的现象，但我们都不会轻言放弃，我们大家一直在拼搏着坚持着。那就是在我们面前，我们都有一个美丽的目标。正因为如此，我们一定要好好地调节自己的情绪，听一听音乐，选择一些适合的音乐，每当我们遇到上述情绪时，放一些音乐给自己吧。

学会感恩

作为学生的我们，是不是感觉自己是这个世界上最辛苦的群体。如果真的有如此想法，说明我们的心态，真的还没有走到一个正确的态度上。我们不应该抱怨我们的辛苦，而是应该明白，我们为什么可以什么也不用干，而在这么好的一个环境里学习文化知识，并且经过这么一个过程走向一个更加光明的未来。那是因为我们的亲人，我们的老师，我们的同学朋友提供给我们的一切便利，让自己有机会很轻松地坐在这里，排除一切后顾之忧而接受知识的洗礼。

生命本是一场漂泊的漫旅，遇见了谁都是一个美丽的意外。我们应珍惜着每一个可以让我们称作朋友的人，因为那是可以让漂泊的心驻足的地方！让我们一起感谢天、感谢地、感谢命运让我们相遇！让本是不相干的生命轨迹从此有了交叉点！

感恩每个相遇过陪伴过我们的人，感恩我们爱的人和爱我们的人，感恩让我们感受快乐和无奈的生活，感恩来我们空间的所有朋友！

感恩与你相遇，让我们可以在彼此的生命轨迹中留下美丽！

我们要感恩我们的父母，是他们让我们有了生命，是他们把我们带到这个美好的世界，是他们一直养育了我们，让我们茁壮成长。在这个社会上，父母所给我的爱，是我们没办法遗忘的，从我们刚出生的时候，已经不断地在父母那儿索取了很多，为了我们，父母也付出那么多的心血，无论如何，最终付出

和回报却是永远得不到正比。因此，我们要借这个机会感谢他们。

其实值得感恩的不仅仅是对上苍，我们对父母、亲朋、同学、同事、领导、部下、政府、社会等都应始终抱有感恩之心。我们的生命、健康、财富以及我们每天享受着的空气、阳光、水源，莫不应在我们的感恩之列。

常怀感恩之心，我们便会更加感激和怀想那些有恩于我们却不言回报的每一个人。正是因为他们的存在，我们才有了今天的幸福和喜悦。常怀感恩之心，便会以给予别人更多的帮助和鼓励为最大的快乐，便能对落难或者绝处求生的人们爱心融融的伸出援助之手，而且不求回报。常怀感恩之心，对别人对环境就会少一分挑剔，而多一分欣赏。

感恩之心，就是我们每个人生活中不可或缺的阳光雨露，一刻也不能少。无论你是何等的尊贵，或是怎样的卑微；无论你生活在何地何处，或是你有着怎样特别的生活经历，只要你胸中常常怀着一颗感恩的心，随之而来的，就必然会不断地涌动着诸如温暖、自信、坚定、善良等等这些美好的处世品格。自然而然的，你的生活中便有了一处处动人的风景！

感恩是一个人与生俱来的本性，是一个人不可磨灭的良知，也是现代社会成功人士健康性格的表现，一个连感恩都不知晓的人必定拥有一颗冷酷绝情的心。在人生的道路上，随时都会产生令人动容的感恩之事。且不说家庭中的，就是日常生活中、工作中、学习中所遇之事所遇之人给予的点点滴滴的关心与帮助，都值得我们用心去记恩，铭记那无私的人性之美和不图回报的惠助之恩。感恩不仅仅是为了报恩，因为有些恩泽是我们无法回报的，有些恩情更不是等量回报就能一笔还清的，唯有用纯真的心灵去感动去铭刻去永记，才能真正对得起给你恩惠的人。

只有懂得感恩的人才会感觉这个世界的美好，才会真诚地热爱这个世界，才会让那些负面的不良的现象远离我们的大脑。学会感恩，我们才会珍惜，珍惜一切的来之不易，它会提高我们的幸福指数，减少对这个世界的不满。懂得感恩的人会把笑容常挂脸上，他会给周围的人带来积极情绪，深切地感染着每一个人。一个人知道感恩，他就会有勇气面对眼前的一切困难，他有克服一切困难的勇气，因为他心里装着亲朋好友的支持。

平静地对待看不惯的事

我们要明白这个世界不是为我们自己单独设计的，因此它有时会显得精彩缤纷，它有时还会让你感觉乱七八糟。自然有些事情你感觉很不舒服，却是别人追求的。你可能会把一些行为视为幼稚、肤浅甚至粗俗，说不定就是别人眼中的时尚、潮流甚至是前卫。所以我们要对待那些不违反规律、不违反公共道德，却内心让我们极度厌恶的事情，尽量保持一颗平常心，至少不要跟别人去抬杠，甚至想用你的拳脚整治一下你所认为的社会不良风气。如果如此，你即便分身八次也照顾不了在你周围形形色色的事情，徒增郁闷，别无益处。

简单说几个例子吧。比如我们早读，早读本来是要读出声音来，这无可厚非。可有人总是显得那么另类，在那儿出其不意地尖叫，总能吸引一群人的目光。心态好一些，只把这种事情当成一个小插曲，并不影响什么。而有些看不惯的人，却在那儿憋了一肚子火。坐在那儿，看着这一幕幕的出洋相，心情非常烦乱。在这里，我要劝说你，大度些，如果他的行为真的影响你的情绪，你可以把它当成一个小丑让他在那儿跳舞，既自娱又娱乐了别人，如果你实在放不开，那就是自找苦吃了。

还有的学生在上课的时候，特别能显摆。老师讲一句，他跟一句，就好像老师在单独跟他讲一样，总之非常活跃，全班除了老师的声音，就剩他的声音了。但是老师喜欢这样的学生，他认为自己的讲课方式吸引住了学生，当然了，这种学生的成绩应该也是可以的。没有其他想法的人，可能就会跟着他们的思路去听课，可能会收到良好的效果。而有些看不惯的人，就会在那儿生闷气，讨厌他这种狂妄自大、不知收敛的人。就这样一节课你净给他置气了，听课效果极差。因此如果遇到这种事，你跟着老师的思路走就是了，既然都在讨论问题，你管谁在那儿说呢，你又不能阻止，而且老师还特别地喜欢。所以你要做的就是抓住他们交流的知识点，就别想其他的了。

现在食堂里都有电视，一到吃饭的时候就会播放一些综艺节目、体育节目等。有的人喜欢看小品、听歌，因此吃饭的时候就会围到演综艺节目的电视周围。有的人喜欢篮球、足球，因此他们在吃饭的时候就会守着播放体育节目的电视。体育节目无可否认，总会带给人一些激情，如果你真心喜欢某个体育节目，我想在某个项目的精彩时刻，那种欢呼激动之情，你应当可以理解。当然了，对于体育一点兴趣都没有的人，那就另当别论了。一些人真的是什么体育节目都不喜欢，因此他们对于那些在观看篮球、足球比赛的人在那儿大喊大叫，甚是不理解。有什么可兴奋的，人家赢了跟你有半毛钱关系吗？在这里我想说，不要不满了，这真的是体育的魅力，就像你喜欢看电视剧，看到动情之处，在那儿哭，在那儿笑一样。

我想说的是，每个人有每个人的喜好，这种喜好不是装出来的，是发自内心的，因此我们可以用一个体贴的、理解的心去看待一切。

在这儿，我还想说一个关于体育的例子。我们都知道中国足球烂的一塌糊涂，相信很多人早已不关心他们的输赢，也不在乎这些人的存在，甚至把他们看成一个娱乐项目。但是却又不得不承认，有些人还是很关心他们的输赢。记得有一次，一位同事在看中国足球与另一只弱旅的比赛，从头到尾一言不发，比赛都结束很长时间了，我的这位同事还是一声不吭，要知道平时他可是很健谈的。要是换了以前，我会对他这种行为很气愤。至于吗？早已扶不起来的烂足球，你在这儿伤神费力，有任何的必要吗？真是太荒唐、太可笑了，免不了还得冷嘲热讽地嘲讽几句。可是现在我不会这样了，因为那是他真正喜欢的，发自内心的喜欢，我理应尊重别人的爱好，因为这种爱好是别人的，跟我们毫无关系，又不会伤到我们，我们有什么资格去嘲讽别人的爱好呢？只因为看不惯？

我们的同学有些人热衷于打扮，甚至用吃饭的钱买衣服。一般情况下我们对这种事情都会嗤之以鼻，说他们光注重外表，不注重实质，作为学生有必要把自己弄得跟朵花一样吗？确实，作为学生，我们应该把主要精力放在学习上，但是注重个人形象同样重要。虽说我们学习忙，但是抽时间料理一下自己还是有必要的。注重良好的个人形象不是一会儿半会儿就能养成的。你可能会说等上了大学有了时间，会好好地打扮自己。可是真到了大学，你可能会有心而无力。当然一味地装饰打扮也不可取，但无论怎么样，我们都长大了，我们有自己的想法。所以不管怎么样，我们都要有一颗平常心看待他们。

如果说你看不惯上面的行为，那对那些染发、打耳钉的人呢，对于那些染了一些绿头发、紫头发甚至白头发的人呢，你是不是更看不惯。确实还真有看不惯的，前几天一则报道说，几个中学生在逛

街的时候，碰到一个染了青灰色头发的学生，几个人甚是看不惯，七里八叉地把人家打了一顿，最后打的人家不治身亡，最后搞得他们自己也进了监狱。这就是严重看不惯的下场，既伤了别人，又伤了自己。

这个世界上有个性的人太多，保不准儿，你自己就是一个。有个性的人做出的事也特别有个性。我们太没有必要对于任何可管可不管的事愤愤不平，甚至拔刀相对。让自己成熟一点，知道这个世界的多样性，任何事物都是这个世界的点缀。别人要干什么，想干什么，干了什么，就随他去吧。我们实在犯不着上火，没有任何实际意义。你再怎么看不惯，谁也不会按照你的逻辑去生活。你灭掉这种行为，还有那种行为。你想一个人与这个世界相斗，你还是省省吧。你斗不过这个世界，既然这样，那我们不如想开点、放开点。尊重他人的喜好，把看不惯的行为，看成那只是一种行为，无可厚非，没有美丑之分，更无贵贱之说。

身体是革命的本钱

一个健康的体魄有多重要，等你上了大学才会有深刻的体会。我们目前小学状态、中学状态，什么也不拼了，就拼学习。结果弄得每个学生都带着个大近视镜，身体病快快的。也许你说等上了大学，我再把身体补回来。哪有那么容易的事，说补回来就补回来。一般你上大学之前是什么样子，上了大学后基本上也就这个样子，不好补的，中学时代几乎就决定了你的身体素质了。没有错，大家现在拼的是成绩，可拼的最终目的呢，拼到大学以后要干什么呢，你要恋爱，可哪个女生不喜欢高大威猛的，你想找一个好工作，又有哪个单位不喜欢身体强壮。如果你的身体素质不好，你就会真切地体会到啥叫嫉妒，啥叫恨。我完全以一个过来人的身份在这儿劝说大家，时时刻刻要保护好、锻炼好自己的身体。

人的一生都在不断地探求、思索这样一个话题，什么是人生最大的财富？有的说是金钱，有的说是物质，有的说是权力，也有的说是亲情、是友情。诚然他们说的我们都愿意拥有，也都很宝贵。但是自从生病后，就觉得没有健康，一切的拥有也就失去了意义。拥有健康并不能拥有一切，但失去健康却会失去一切。

人有各种各样征服世界的力量，但任何一种力量都是来自健康的力量。无论你是腰缠万贯的富翁，无论你是位高权重的达官贵人。你拥有幸福的家庭，你拥有完美的感情。但是如果没有了健康，一切又有什么好处呢。纵观世界许

多伟人都有着充沛的体力和精力。这是一个先决条件。他们有着强健的体魄和旺盛的生命力，从而幻化出无穷的创造力而取得了更大的成功。一个人身体条件的强壮与否，决定一个人勇气和自信心的有无。而勇气和自信心是成就大事业的必需条件。

健康就是财富，就是本钱。所以要珍惜现在拥有的健康，保持一个符合自然的饮食起居习惯，这就是最大投资，这样的人最终是富有的。

汉语词典对"健康"一词的解释是："健"为机能正常，即"年轻的身体机能"；"康"为没有疾病，即"身体处于无病状态"。合二为一才叫"真健康"。而大部分人的健康也仅仅是只有"康"，没有"健"，长期处于"亚健康"状态。

健康是生命的基石，身体是生存和生活的本钱，现代都市人如何能让透支的身体增加活力？这里，教你几招，让你远离亚健康。

均衡营养。没有任何一种食物能全面包含人体所需的营养。西方营养学家提倡每人每天要50种食品以上。既要吃山珍海味、牛奶，也要吃粗粮、杂粮、蔬菜、水果，这样才符合科学、合理、均衡的营养观念。饮食合理，疾病就不易侵入。还要注意饮食方法，勿暴饮暴食，大饥大饱，一定做到定时定量，有针对性，均衡消化，保证营养。

保障睡眠。伴随着社会的变革和人们生活方式的改变，睡眠不足也已成为当今最普遍的健康和社会问题。睡眠应占据人类生活1/3左右的时间，它和每个人的身体健康密切相关。世界卫生组织确定"睡得香"为健康的重要客观标志之一。当感到情绪不佳或者身体不适时，美美地睡上一觉后，会觉得精神倍增，身体的不适也会有所减轻，甚至恢复如常。

动养兼顾。人的健康躯体也是一种神形的表现，之所谓要神形兼备。人的健康的精神状态来自于自身的思想意志，一方面人总是要有精神的，另一方面精神也要靠肢体，人体的各种力量的养护，使人的思维，内脏各器官功能都保持兴旺状态，人才能显得精神无比。

培养兴趣。广泛的兴趣爱好，会使人受益无穷。它可以增加你的活力和情趣，使生活更加充实、生机勃勃，使娱乐活动更加丰富多彩。人们在娱乐活动中，应该发展多种兴趣。有益的活动不仅可以修身养性，陶冶情操，而且能够辅助治疗一些心理疾病。

善待压力。心理学家认为，人之所以感到疲劳，首先是情绪使我们的身体紧张，因此要学会放松，让自我从紧张疲劳中解脱出来。

善待压力，首先要树立正确的处世观，把压力看作是生活中不可分割的一部分，作好抗压的心理准备。遇到突如其来的困难和压力，不要惊慌失措，要静下心来，审时度势，理顺思绪，从困境中找出解决问题、缓解压力的办法。

其次，要确立切实可行的目标定向，切忌由于自我的期望过高，无法实现而导致心理压力，倘若目标经过积极努力有可能实现，无论出现何种艰难和困厄，都不要退缩和逃避，要借助压力的刺激，不断强化自己的意志，充分发挥全身的能量，达到目标。

健康是福。有了健康的身体才有奋斗成功的本钱，要有健康身体，除了要注重饮食与运动外，还要有正常的生活习惯。现在有很多朋友，日夜都颠倒过来了，这样哪会健康。另外，心理的健康也很重要。心理状况不好，也会影响健康，要及时调整。想健康，不能光靠医药，要多参加有益的活动、运动。健康人多美丽，到处受欢迎。身心健康，就能顺利工作生活，迎着阳光，灿烂美好，安康愉快，无病无痛，命好福运大。

男人到了二十几岁后，就要学会调节自己的心态，重视自己的身体。身体是革命的本钱，心态是验钞机。男人要想获取更多的财富就要拥有一副强健的体魄，男人要想长久地做首富就要拥有一种积极乐观的心态。注意饮食，经常锻炼，充足的睡眠，是健康身体的保证。不要患得患失，勤奋拼搏，让心态决定一切。

你可以不用天天去晨跑，其实那也不会占用你多长的时间，需要的只是恒心和毅力。但你一定要时常去运动一下你的身体，散步是一种不错的选择，这样做会使你充满力量。你在冬天可以不用冷水洗澡，其实那也没有什么大不了的，因为我也曾坚持过一个冬天。但你在冬天一定要经常用冷水洗洗脸，这样做不仅可以防止感冒，还能保持一个清醒的头脑。你可以失败，但你永远要保持一种求胜的心态，战胜自己你就没有敌人。在大学，熬夜写策划，熬夜读圣贤书再正常不过，没有好的身体一切都是空谈！每天坚持锻炼能使学习、办事效率提高，事半功倍！因此要加强身体锻炼！

作为我们学生来说，长得胖一点，朋友也就是开开玩笑就过去了，挺可爱的，但是如果长得太瘦，从对方的口气里是可以体会到的，那是一种深深的歧视，瞧不起，暗含着"这个人不行"，以及女生所谓的"没有安全感"，即便已经很努力，别人还是会觉得你不行，那是一种比丑还要令人难以接受的体验，甚至在许多人看来，那就是丑，确实，瘦的多了，就是很丑，皮包骨头的，看着能舒服吗？

一个人的成长就像叠积木，人总是渴望自己进步、成长，希望自己的积木越叠越高，可是如果塔基不牢，你如何把积木一层一层垒上去，即便你能垒上去，它能稳吗？在风雨飘摇中的各种成功，如果没有踏实的根基，又能坚持多久。说白了这种塔基就是我们的身体素质，如果没有一个强壮的体格，你很难达到你想要的成功。即便你费劲巴力地得到你想要的，那你也很难守住你想要的成果。想一想，你肩不能挑，手不能提，走上一段距离就要歇上几歇，手里的东西更是从左手换右手。夏天人家穿个短袖展现的是强壮的臂膀，你穿个短袖，两条细杆似的胳膊套在相对阔大的袖子中，风一吹呼哧呼哧的，好像一不小心就能吹断似的，好看吗？好受吗？同学们锻炼起来吧。

快乐最重要

　　无论我们是学生，还是已踏入社会，我都衷心祝福我们的小青年们真心快乐。说实话，生活在当下这个社会，想要人快乐还真不是一件容易办到的事。各种生活压力、各种社会现象都会让我们心情沉重。但这都是客观存在的，我们谁都无能为力。既然如此，如果我们生活在一个小圈子里，我们就在这个小圈子里快乐生活吧。如果我们生活在一个大圈子里，就让我们在大圈子里海阔天空。总之，只要快乐就行，要那种真正的快乐，也要别人快乐。一个人的人生很短暂，钩心斗角、争名图利，一转眼也就过去了，最后又能落下什么。与其这样，还不如与人为善，快快乐乐，简简单单地过完这一辈子，用一种快乐健康的情绪感染别人，让我们周围的人跟我们一样生活得都很纯粹，这样不好吗？

　　生活的过程是保持一种平常的心态，淡然而简单的生活，你会更快乐。人生无须太完美，一辈子不长，简单着，快乐着，幸福着，也就没有遗憾了。当我们仰望蓝天，感受那一缕暖阳的同时，是一种美妙的感觉，怎能不感谢大自然赋予我们的美好，那种辽阔，那份悠远，会走进你心灵深处，笼罩在心头的阴霾会随着那蔚蓝的蓝天一起消散；放下心中的包袱，包容一切的不美好，或许，郁闷的心情也会因晴朗的天空而顿时豁然。相信，你一定有所悟、有所感，扬起应该扬起的所有，放弃早该放弃的一切，重新找回心中那片湛蓝的天。其实，在我们的生活中阳光和阴影总是相互结合的，云用自己的阴影遮住了太阳，

太阳才会那么温柔地照射大地，如果没有阴影，永远是熊熊烈日，阳光还会那么美好吗？

花开总有花谢时，这是自然界不变的规律，谁也无法改变，我们不要在花开时高兴，花落时惆怅，花开的时候，芬芳弥漫心间，那是生命的斑斓，花谢时，成熟的果实呈现在眼前，这是秋天的收获，自然的万物都有它不变的定律，生活中最重要的是开开心心地过好每一天。不要一味地追求完美，其实，完美是永无止境的，有时你想要的却与你擦肩而过，你不去刻意追求的却可轻松取得。一个人的快乐，不是因为他拥有的多，而是他计较的少，原谅生活的平淡，生活中的潮起潮落，那是生命的动力，一味地追求完美就失去了动力。

一米阳光，那是自然界的财富；一个微笑，是发自心灵的洗礼；一种快乐，是我们每一个人都追求的梦想；一份牵挂，把祝福永远相连；一声承诺，即使没有结果，也会让人感动；一份鼓励，让心灵拥有了阳光；一份理解，是善良对生命的演绎。

人生在世，看开是最好，一辈子不长，开心时不要得意，伤心时不要失意，人世间悲伤的不仅仅是你我，走过了坎坷，迎面的也许就是欢乐。无论是悲伤还是痛苦，我们都不能对生活失去信心，一切的风雨过后，呈现在眼前的依然是那片蔚蓝的天空。红尘岁月中，一份淡泊与宁静诠释着生命的感恩。

人世间的种种，苦难的人生总在不知不觉中演绎，我们只有珍惜生存的权利，而不必追求所谓的完美。"金无足赤，人无完人"、"水至清则无鱼"这些谚语说的也都是这个意思。

拥有一个健康的身体才是最重要的，健康是财富，是用再多的钱也无法买到的财富。但在现实的生活中，忙碌的日子里，谁又把健康放在了第一位，当我们的身体出现问题时，才会后悔当初没有好好对待它，到现在才知道，原来健康是千金难换的，健康一旦失去，便永远也找不回来了，比失去了青春更加可怕。

在人生的这张地图上，每一条路都不是平坦的，如果你选择一条始终笔直平坦的路，你将会无路可走，生活就是曲折漫长的征程，人生就像一条曲线，生活中有苦与乐，有月圆与月缺，生命才真实而有意义。

放下焦虑，累与不累，取决于心态。心灵的房间，不打扫就会落满灰尘。蒙尘的心，会变得灰色和迷茫。我们每天都要经历很多事情，开心的不开心的，都在心里安家落户。心里的事情一多，就会变得杂乱无序，然后心也跟着乱起来。有些痛苦的情绪和不愉快的记忆，如果充斥在心里，就会使人萎靡不振。所以，扫地除尘，能够使黯然的心变得亮堂；把事情理清楚，才能告别烦乱；把一些无谓的痛苦扔掉，快乐就有了更多更大的空间。紧紧抓住不快乐的理由，无视快乐的理由，就是你总是觉得难受的原因了。

放下烦扰，快乐其实很简单。所谓练习微笑，不是机械地挪动你的面部表情，而是努力地改变你的心态，调节你的心情。学会平静地接受现实，学会对自己说声顺其自然，学会坦然地面对厄运，学会积极地看待人生，学会凡事都往好处想。这样，阳光就会流进心里来，驱走恐惧，驱走黑暗，驱走所有的阴霾。快乐其实很简单，不要自己不快乐就可以了。

放下自卑，把自卑从你的字典里删去。不是每个人都可以成为伟人，但每个人都可以成为内心强大的人。内心的强大，能够稀释一切痛苦和哀愁；内心的强大，能够有效弥补你外在的不足；内心强大，能够让你无所畏惧地走在大路上，感受到自己的思想，高过所有的建筑和山峰！相信自己，找准自己的位置，你同样可以拥有一个有价值的人生。

放下懒惰，奋斗改变命运。不要一味地羡慕人家的绝活与绝招，通过恒久的努力，你也完全可以拥有。因为，把一个简单的动作练到出神入化，就是绝招；把一件平凡的小事做到炉火纯青，就是绝活。

提醒自己，记住自己的提醒，上进的你，快乐的你，健康的你，善良的你，别总给自己的懒惰找借口，只要你努力，一定会有一个灿烂的人生。

放下消极，绝望向左，希望向右。如果你想成为一个成功的人，那么，请为"最好的自己"加油吧，让积极打败消极，让高尚打败鄙陋，让真诚打败虚伪，让宽容打败褊狭，让快乐打败忧郁，让勤奋打败懒惰，让坚强打败脆弱，让伟大打败猥琐，只要你愿意，你完全可以一辈子都做最好的自己。没有谁能够左右胜负，除了你。自己的战争，你就是运筹帷幄的将军！不是所有的梦想都能成为美好的现实，但美丽的梦想同样可以装点出生活的美丽。

放下抱怨，与其抱怨，不如努力。所有的失败都是为成功做准备。抱怨和泄气，只能阻碍成功向自己走来的步伐。放下抱怨，心平气和地接受失败，无疑是智者的姿态。抱怨无法改变现状，拼搏才能带来希望。真的金子，只要自己不把自己埋没，就总有闪光的那一天。纵观古今中外，很多人生的奇迹，都是那些最初拿了一手坏牌的人创造的。不要总以为生活辜负了你什么，其实，你跟别人拥有的一样多。

放下犹豫，立即行动，成功无限。认准了的事情，不要优柔寡断；选准了一个方向，就只管上路，不要回头。机遇就像闪电，只有快速果断才能将它捕获。立即行动是所有成功人士共同的特质。如果你有什么好的想法，那就立即行动吧；如果你遇到了一个好的机遇，那就立即抓住吧。立即行动，成功无限！有些人是必须忘记的，有些事是用来反省的，有些东西是不能不清理的。该放手时就放手，你才可以腾出手来抓住原本属于你的快乐和幸福！有些事情是不能等待的，一时的犹豫，留下的将是永远的遗憾！

放下狭隘，心宽，天地就宽。宽容是一种美德。宽容别人，其实也是给自己的心灵让路。只有在宽容的世界里，人才能奏出和谐的生命之歌！要想没有偏见，就要创造一个宽容的社会。要想根除偏见，

就要首先根除狭隘的思想。只有远离偏见，才有人与内心的和谐，人与人的和谐，人与社会的和谐。我们不但要自己快乐，还要把自己的快乐分享给朋友、家人甚至素不相识的陌生人。因为分享快乐本身就是一种快乐，一种更高境界的快乐。青少年朋友们，别再为不切实际的东西犹疑了，放下那些不必要的，做个轻松快乐的自己吧！

游历，丰富你的成长

　　前些日子去云南光华煤矿工作、学习了一段时间，我所学习的光华二矿位于云南省大理市境内，2008 年正式投入生产，设计生产能力 45at/ 年。根据公司安排，我分到了光华二矿的掘二队。说到掘二队，当时我还疑惑了一阵子，因为调度会的时候，只有我们掘二队的人员，从未见过掘一队的人来开会。后来才知道，大矿的掘进队叫掘一队，二矿的掘进队叫掘二队，原来光华煤业所辖的光华矿，也就是大矿和光华二矿，共用一批部室人员，区队方面，大矿叫一队的，二矿就叫二队，二矿叫一队的，大矿就叫二队。

　　先说一下那边的生活环境，毕竟只有习惯了那里的生活，才能更好地投入到工作、学习当中去。到了光华二矿，才体会到山的含义，山的那边还是山，山的再那边也还是山，是山是山还是山，层峦叠嶂，延绵不绝，通往镇上的那条公路不停地左拐右拐，不停地上坡下坡。在那个地方你是永远见不到自行车的，因为完全不实用。去县城也有公交车，但最常见的交通工具是摩的。我有幸坐了一回，我的个乖乖，那真是惊心动魄，比一个人半夜爬起来看恐怖片还要惊险刺激。那种感受就只有一次，唯一的一次，打死再也不坐第二次。那种开车速度比在宾城平直的大路上的毛愣小子开的还快，你都不知道前面是该左拐还是右拐，唰绕过去了，你都不知道前面是上坡还是下坡，嗖又冲上去了。真不是我矫情，这哪是乘车，这就是生死大冒险，吓死本宝宝了。

也不知道从几月份开始，反正我们八月份去的时候，那边就一直淅淅沥沥地下着小雨，如果是哪天见着太阳了，说实话那种感觉就像放了一个大假，心情特别好，经常是早上起来细雨蒙蒙的，正因为如此室内非常的潮湿，我们八月份就铺上电热毯了，不是为了取暖而是烘被褥。按照这样说来，光华二矿周边是不缺水的，可是云南不只是粥贵，水也不便宜，一桶纯净水就要十元，不光纯净水，其他东西与老家相比也要贵上几倍。这也很好理解，交通不便，运输成本自然就高。东西虽贵，但感觉当地的人真的很好，一次沿着山路溜达，碰见一位大姐在卖刚收获的生瓜子，一打听价格8元一斤，我说你给我称一块钱的吧，这位大姐整了个方便袋捧了两捧，得有半斤多，我哪吃得了这么多，就抓了一把放兜里了。

说到吃，这可真值得说一说，我这个人是从来不讲究吃的，我不挑食，馒头咸菜就可以对付，任何好吃的东西对我一点吸引力没有，所以如果有人想用美食诱惑我，那可真是没找对门路。什么猪蹄子、羊肚子我碰都不碰，什么狗肉、驴肉我看见就恶心，什么鸭脖子、鸡爪子我简直是深恶痛绝。虽然我不挑食，什么吃的都可以对付，但前提是你得让我吃得下去。光华二矿食堂就一个窗口，早餐就是一块钱一个的圆饼和一块钱一个的包子，还有米汤，在我的印象里米汤永远是凉的，好像故意放凉以后又给端出来的。中晚餐就是三盆菜，十天八天不带换样的。我们河南、苏北、皖北的在那儿干活的人挺多，据说为了照顾这些北方人，专门从河南派过去的厨师，这几个河南厨师真是够不争气的，早已被同化的彻彻底底，几个河南厨子，做出了一口地地道道的云南菜，每样菜都感觉甜了吧唧的，也不知用的啥油，总是红红的。这一切都可以忍受，我实在受不了的是，几乎每个菜都掺上肉末或者是肥肉片子，弄得我半点食欲都没有，头二十多天食堂的饭几乎很少吃，不是吃方便面，就是矿门口小饭铺里买面条吃。咦，还怪能哩，这面条居然能做出一股方便面的味道，我也是无语。后来也就习惯了，食堂就成了解决温饱的主战场，但每次吃饭我都会十分耐心地把打的菜进行分门别类，肉末或者是肥肉片子回归垃圾桶，青菜留在方便袋里。你可能会说这多麻烦，不想吃的不吃不就完了，完不了，我一看见肥肉片子和青菜相互纠缠，贱吧嗖的样，我就闹心。看不见，我就尽量不想青菜与肉片子在锅里曾经鬼混的过程，这样心情便可以舒畅一些。如果哪天能吃到西红柿鸡蛋，那我肯定是前几天做了什么积善行德的事了，因为西红柿鸡蛋里面是绝对不会掺肉末的。在光华二矿食堂吃饭要有绝对的时间观念，开饭的时间段是固定的，也就十五分钟左右，虽然不绝对，但也不夸张，错过这个点，那就对不起了，爱上哪儿吃去哪儿吃，反正食堂是没饭了，当然了，你可以去矿门口小卖铺买辣条吃，以前的时候还真少吃，现在终于有辣条吃了。

下面说一下光华二矿在我学习期间所经历的一系列深刻变化。现在大家都在谈论煤炭形式的严重程度，新闻上报道的，微博微信转发的，可以说大家每天都能看到这方面的消息。但对于我们一般人来说可能还没有那种痛彻心扉的感悟，但如果你在光华二矿，煤炭形势的寒冬你就会有身临其境的领悟。

刚进二矿时，生产也很正常，甚至可以用忙碌来形容。当时掘二队正在施工三采区专回，没几天根据矿上的安排要求施工6209下巷底抽巷。矿上嫌炮掘影响进度，因此底抽巷要上综掘机。刚来二矿的那段时间跟二队机电队长王队长接触的时间较多一些，跟着王队长打打下手，甚至参与了去镇上买鸡、买鞭炮，一共买了六只鸡，全部捆在一个袋子里，打算第二天综掘机下井的时候给它们放血，六只鸡全部放在一个袋子里。第二天要是闷死多不吉利，于是我又在袋子上划了六个小口，把鸡头全部拔在外面。综掘机经过长途跋涉，从黔西运到六龙后，在地面组装好、调试好，再大卸八块，杀完鸡、放完炮，到井下又组装又调试，今天油管子爆了，明天油泵电机又断相了，折腾二十多天，才算正常。

说到这儿，我还想提一下掘二队机电队长王队长。人家以前就是一名机电工，他的师傅就是现在掘二队的机电班长，因为踏实肯干，喜好钻研，现在跑他师傅前面去了，俩人都在掘二队，在他俩身上让人真正体会到了冰水为之而寒于水的深刻含义。有人说时间像猪饲料、像杀猪刀、像大风、像野马、像杀

手，时间真的是因人而异，对于王队长来说时间就是成功的过程，我所能做的就是见贤思齐了。

综掘机施工了没多久，就接到公司的指令，在所有的掘进头迎面墙上，用自喷漆喷上了一个大大的停字，无论是掘二队，还是开一队，所有的掘进工作面全部停工。开一队搬到大矿回撤去了，掘二队成了事实上的巷修队。又过了一段时间，三班制改成两班制，只上早班、中班，综一队除外。干杂活没持续多长时间，就开始了大范围的轮休，区队每个月轮休两名副队长，部室人员几乎一半每个月要轮休。这还不算完，后来的一段时间，掘二队直接与综一队合并，队长变成了书记，副队长全部成了班长，现在矿上就剩一个 6206 综采工作面，一个备采面没有。现在矿上人员不是谈论工资高低的问题，而是工资何时发。我们现在每个月按时发工资，感觉理所应当，但这种现象对于光华二矿的人来说太不正常了。

刚去没多久，掘二队的技术员请探亲假回家了，队里所有的内业就交给我了。学习的那段时间，掘二队施工的全是岩巷，虽然煤巷、岩巷的掘进作业过程大同小异，毕竟还是有区别的，而且人家还有要求必须按人家的模板写，没有原因，就是看习惯了。习惯了的就是被认可的，被认可的自然认为就是好的。所以在那边编写规程、措施必须套用那边的模板，不允许有任何发挥。由于宿舍又冷又潮，连个坐的地方都没有，所以一般不到睡觉的时候，我是不回宿舍的。除了安排的值班外，如果没有其他事，晚饭后至十一点左右这段时间，我都会替其他人值班。那边值班比较松，只要有个人在值班室听电话就行。因为其他人的家人大多都在矿上住，我给了他们相聚的时间，他们给了我一个学习的场所，互惠互利，感觉还是挺好的。这期间给我印象最深刻的就是罢工风波，可能是工资拖得有点超出工人的忍受范围，大家沉不住气了，在澡堂换衣服时，几个队的班长在一起一嘀咕，鼓动工人不下井。当时我正在统计单项工程，调度室打电话来，让队长立马去澡堂，我马上给队长打电话说明原委后，也去了澡堂，当时几个领头的正在与矿领导张牙舞爪地争吵，其中之一就有我们队的一个副班长，一个二十岁左右的愣头青，把头发弄成一副慵懒的样儿，扣子也没系，故意地装出无意间露出那种小性感。六龙方言实在难懂，说得又快，我一句也没听明白，矿领导一再要求他们下井，让各队的队长劝说自己队里的人立马下井。最后大部分都下了，还剩下十几个仍然在那儿僵着。最后矿领导走了，留下一句话，这些人全部开除。这回全傻眼了，癞蛤蟆过门槛，连碰鼻子的带撞脸的，全部整得灰头土脸的。从他们内心来讲并不想辞职，毕竟与周边其他工作相比，矿上的工资待遇还算是最好的，无非是钱没有及时到账。后来我们队那个副班长找了队长好几次，没办法，矿上的指示就是全部开除。有句话叫作菩萨畏因，众生畏果，因此无论做什么事，我们必须搞清楚什么样的原因必定会产生什么样的后果。

挂职期间，光华二矿给我留下好的印象就是大家的物料节约意识特别强。因为效益不好，有节约生产成本潜力的环节，矿上一挖再挖。一些小材料是不许成批成批地下井的，像锁具、扎带、螺丝、螺帽等小东西，需要多少，开完班前会直接去材料员那儿去领，用不完的直接带上来，不允许班与班移交。领了多少，实际用了多少，返还了多少，都有记录。队里面有专人不定期巡查使用情况。弄报废的、弄丢的直接在班组工资里扣，连个扎带都能精确到多少根，其他的物料就更不用说了。掉顶、片帮所补打的支护料全部算到浪费的行列。这种节约已经不能用现象或者习惯来形容，已经形成了一种节约文化。

哪儿都有榜样，哪儿都有学习的对象。前面说了我们队的机电队长王队长，还有另外两人在榜样方面一点都不输王队长。其中一人就是掘二队技术员小黄，这个小孩的最大特点就是乐观，对煤矿的发展永远充满了信心。由于效益不好，光华二矿的很多人尤其是年轻人都在探讨其他出路，可是无论谁跟他讨论，他都会说这么大的矿肯定会好起来的。他的女朋友也是濮阳人，我的老乡，明年即将毕业，他都打算好了，一毕业就把她带到光华二矿。可能受父辈、祖辈的影响，对煤矿有感情。他的父母是煤矿职工，爷爷也曾是煤矿职工。前段时间总公司举办了一场我与企业同呼吸、共命运的演讲比赛，他是公司的唯一代表，

还获得了二等奖。我相信他演讲的内容是发自内心的，不是那种装腔作势的套词。我这样说可能有人不信，不信的原因有两个，一是你不是这样的人，二是你没有碰到这样的人，但无论如何这样的人确实存在，我不是在编故事给大家洗脑，我也没那个本事，脚都洗不利索，何谈洗脑。现在的人都进化到什么程度了，用脚后跟都比我思考的长远，我哪有资格给别人做思想工作，但无论怎么说，快乐地上班，乐观地工作，积极看待自己所从事的工作永远都是对的。如果你对企业没有信心，如果你有更好的出路，那你就赶快离开，谁都不会阻碍你寻找更美好的步伐，想阻止也阻止不了，任何人都会祝福你有一个更美好的未来。最别扭的就是整天胡思乱想，每天都有不同的人生规划，却没有魄力去实施，没有勇气去辞职，徒增烦恼，别无益处。既然选择留下来就要意志坚定，任其风起云涌，我自岿然不动，这种气魄还是要有的。赵本山曾经说过这样一段话，我们生活的大部分是在单位，如果说这个单位你还感觉离不开，大家就要把所有的精气神调动起来，进单位就像热爱家庭一样，要有规矩，要懂礼貌，要知道感恩，一个人不知道感谢单位，不知道感谢对你有恩的人，这样的人是不会好的，就像不热爱父母一样，这位最接地气的艺术家所说的这些话非常朴实，虽然没有官话那样华丽，却是对单位的一种真正态度。

　　另一个榜样就是掘二队的常务副队长明浩。常务副队长我还第一次听到这样的称呼，原来他以前是队长，后来从其他矿调来一个资格更老的队长，所以他就变成了唯一一个常务副队长。掘二队与综一队合并后，其他副队长都变成班长了，他是唯一一个被保留的副队长，合并后不缺跟班、值班的，人员充实。按说他是不用经常下井的，即使下井也不用经常跟完一个班，即便是在井下跟完一个班，也不用一直干活。可他却不这样，除了值班外，只要队长不安排其他事就跟班，每次下井都是与工人同上同下，在井下什么活都干，移架、清理落煤、清理水沟，工人干啥，他干啥，完全没有扭捏作态之嫌。大家都说要拿得起放得下，而真正做到的又有几人。中国人最爱喊口号，中国的口号文化已经达到登峰造极的地步，可我们真正以身作则的人多吗？能拿得起，也能放得下，踏踏实实，不迷恋过去的辉煌，迅速地适应新的工作状态，这种态度是正确的，也是值得学习的。千江有水千江月，万里无云万里天，取其浮躁，留下心静是多么可贵的一种品质。

因此说，有机会出去走走，就要把握住出去的机会，多看看总是有益无害的，待在同一个地方，坐井观天，天还是那片天，路还是那条路，虽然望去无际无边，却已阻挡了你的视野。安逸，总是让人的认识受到限制，换个地方可能会有很多不便，但总可以带来不一样的感受，只有这样才会让你不断地思考人生，思考未来。

生活如此可爱

圣人有训：天同覆，地同载，因此我热爱这个美好的世界，不会拒绝她所赠予的一切，我接受礁石，接受北风，也接受美丽的金鱼和参天大树。我不会失落于河流入海，不会失落于花开了又落，也不会失落于春风很快地拂过。

散步的时光总是让人怀念，和一些朋友漫步于上河城的水街或者是沱河的长堤，想起这些总能让人心情特别的愉快。散步的时候我不会苛求温柔的风高我一寸或低我一尺，内心已经很快乐了，得寸进尺总归是不好的。我不是一个做艺术的人，脑袋里却时时刻刻冒出一些快乐的想法，思绪飘来飘去，于是整个人便莫名其妙地兴奋起来，到了得意忘形的时候，我便和花朵一起唱歌，唉，有时候感觉自己像个孩子，天上的星星很多，仰望星空，我的梦想便多了起来。

天气好坏丝毫不会影响我们的兴致，有云的日子大家聊聊云的纯真，下雨的时候再说说雨的宽容。呵呵，甚至我们谈论死亡，我一直认为死是不可怕的，可怕的是等死，因此我会用快乐的脚步来充实自己的人生，我虽没有翅膀，但我的志趣可以让我欣赏更远的风景。我不遗憾落后于路的脚步，因为我一直沿着它的轨迹脚踏实地地前进，并没有迷航。

呵呵，作为一个体重刚过百斤的男生，我时常纠结于脑袋的发达程度为何和体重那么的一致，但朋友们并没有因此而剥夺我谈论爱情的权力。我认为爱情的成长也需要阳光，可它有时会长错地方，长在了阳光照不到的地方，多么希望能够在爱情的枝头嫁接阳光的明媚，收获的温暖成为爱情茁壮的力量；有时候爱情的花朵还没来得及开放，花蕾便被打残了。没有什么可遗憾的，有了此经历，对以后的爱情诗章不再不解和迷茫，更重要的是这种耐人寻味的感觉将永酿心头，这是一种收获，是一种幸福的收获。

对滨海大地来说，这注定是一个炎热的初秋，不过还好，阳光总是很明媚，这至少不会让人郁闷。这明媚的阳光躺在大地上，挂在树梢上，还有的浮在水面上，你张开手，它又端坐在你的手心上，等到太阳快闭眼的时候，我兴奋地伸出双手，于是我的双手捧满了余晖。

有些事情回忆起来便让人感觉幸福，有些人思念起来便让人感觉幸福，有些思绪思索起来便让人感觉幸福。

感谢曾经拥有的，感谢现在拥有的，感谢即将拥有的。

敬礼，活着的一切；敬礼，存在的一切。